U0195667

假行家
犬类指南

[英] 西蒙·惠利 著

沈家豪 译

胡安 校译

上海科学技术文献出版社

Shanghai Scientific and Technological Literature Press

图书在版编目（CIP）数据

假行家犬类指南 / （英）西蒙·惠利著；沈家豪译 . —上海：上海科学技术文献出版社，2022
ISBN 978-7-5439-8257-4

Ⅰ . ①假… Ⅱ . ①西… ②沈… Ⅲ . ①犬—通俗读物 Ⅳ . ① S829.2-49

中国版本图书馆 CIP 数据核字 (2021) 第 006198 号

Originally published in English by Haynes Publishing under the title:
The Bluffer's Guide to Dogs written by Simon Whaley © Simon Whaley 2018

Copyright in the Chinese language translation
(Simplified character rights only) ©
2021 Shanghai Scientific & Technological Literature Press

All Rights Reserved
版权所有，翻印必究

图字：09-2019-499

策划编辑：张　树　　　　责任编辑：黄婉清
封面设计：留白文化　　　版式设计：方　明
插　　图：方梦涵

假行家犬类指南
JIAHANGJIA QUANLEI ZHINAN
[英] 西蒙·惠利　著　沈家豪　译　胡　安　校译
出版发行　上海科学技术文献出版社
地　　址　上海市长乐路 746 号
邮政编码　200040
经　　销　全国新华书店
印　　刷　常熟市人民印刷有限公司
开　　本　889mm×1060mm　1/32
印　　张　4.125
插　　页　4
字　　数　85 000
版　　次　2022 年 9 月第 1 版　2022 年 9 月第 1 次印刷
书　　号　ISBN 978-7-5439-8257-4
定　　价　45.00 元
http://www.sstlp.com

目录

人们所能拥有的唯一绝对无私的朋友……永远不离不弃，也绝对不会忘恩负义、倒戈相向的伙伴……

——乔治·格雷厄姆·威斯特

狗 生 如 此

　　一个家境优渥的人必然想养一只狗,这是众所周知的不灭真理……尤其是带狗去参加电视才艺秀或许还能赢得大额奖金。

　　然而,身处一个名誉从来到去不过十五秒(对狗而言算是相对较长的一段时间)的世界,我们可能会讶异于家犬(拉丁学名:*Canis lupus familiaris*)和人类(拉丁学名:*Homo sapiens*)已经一同工作了超过 15 000 年,成就了史上最为成功的种间关系之一。讽刺之事也不会轻易放过养狗的假行家:当人与人之间关系破裂时,相比于其他东西(孩子除外),他们往往花更多的工夫争夺狗的抚养权(有时甚至要狗不要娃)。

　　对于人与狗之间纽带关系最出名的总结来自一位美国政客兼律师乔治·格雷厄姆·威斯特。1870 年 9 月,他为一位狗主人辩护。这个人忠诚的四条腿伙伴——老鼓,此前被当地一个养羊的农夫射杀了。那农夫当众扬言:任何出现在他屋子附近的狗都会被射杀。老鼓的主人上诉索赔,随后,正如经典的法庭戏中会出现的一般，威斯特转向陪审团，说："(狗是)人们所能拥有的唯一绝对无私的朋友……永远不离不弃，也绝对不会忘恩负义、倒戈相向的伙伴……它护卫自己的贫民主人安眠，宛如他是个王子。当其他所有人背弃自己的主人时，狗依然不离不弃。"

威斯特的肺腑之言深深地触动了陪审团的心弦，他赢下了这场官司，而老鼓的主人得到了五百美元的补偿（据说如此），这笔钱是当时伤害赔偿金上限的十倍。从那时起，狗就一直以人类最好的朋友的形象出现。

此后，数以百万计的狗主人欣然邀请犬类朋友入住家中，花费时间训练它们坐下，停住不动，并在他们模仿枪声大叫"砰"的时候翻身装死。你自然能意识到，在这些爱狗的家庭里，是狗成功地"训练"了主人一家围着它团团转，而非狗围着主人团团转。

然而，狗是一种群居动物。如果你把狗独自留在家中太久，那么它们可能会情不自禁地把家里弄得一团糟。又或者，它们纯粹就是想在你的床上留下些引人不适的东西，啃坏你家餐厅的桌子腿、椅子腿，嚎叫个不停，骚扰你的邻居。犬类行为专家们把这种情况称为"分离焦虑"。狗主人们则认为自己陷于此种境地恼人至极。不出去工作的话，他们该如何支付给狗看病的费用呢？话是不错，但要是身为主人无法在自己不在的时候解决遛狗问题，他们或许最初就应该先考虑一下养狗是否是明智之举。除非收养人能保证狗狗在日常生活中有定时定期的大量运动和活动，不然很少有流浪狗之家或救助中心会草率地把狗重新安置。当然，还要看狗的"意愿"。

狗对于很多人而言都是理想的伙伴：它们不会顶嘴（除了在你试图把一只狗和它正津津有味地咀嚼着的东西分开的时候，它会发出警告性的咆哮），它们不在乎你小解时有没有把马桶圈掀起来（实际上，这通常会使它们更容易从抽水马桶中喝水），它们非常乐意蜷在沙发上、靠在你身边、与你一同看一场足球赛或一部温情电影。然而，对于所有成员都比较年轻的家庭而言，家里所有人几乎都得上学或上班，狗在白天往往没什么能自己做的事儿。狗能看明白的日间电视节目也就那么点。因此，如果你想让人们觉得你对人类家庭与狗生活的特殊社会性动力很是了解，那么你就需要掌握一些基本事实，这就是这本简短的指南能够帮到你的地方。

这本小书通过介绍在讨论有关狗的问题时会遇到的"雷区"从而给予你指导，并且教会你如何措辞得当并回避说错话的技巧，从而最大限度减少你被别人识破为假行家的风险。它还会给予你一些容易学会的提示或方法，甚至能让你被认可为一位懂得犬类相关稀有知识及人与狗相处经验的专家。这本小小的指南还能帮你更多：它将为你"武装"，让大批听众为你的才智和洞察力打动——才不会有人发现，其实你读了这本书之后才知道皮卡普[①]与西施犬之间的差异。

[①] 皮卡普（pekapoo），京巴犬与贵宾犬的杂交后代。——本书注释均为编者注

当狗跳上双人床时，它会故意躺在人中间，分离床上的主人，并逐渐把他们越挤越远。在至少有一个人掉到地板上前，它是不大可能会心满意足的。

最唬人的事

　　狗并非披着羊皮的狼（否则它的外表看上去就会像只羊）。如今的家犬确实和它们的近亲——狼有着大量相同的基因。人类与狼，或者说人类与狗之间的关系是从什么时候开始发展起来的，对这一问题，争议仍存。有些人认为是在 14 000 年前，而另一些人则认为要追溯到 17 000 年前。假行家无须在这将将 3 000 年上吹毛求疵。只要说：科学家还在利用化石来判定就够了，反正不管你怎么纠结，它都是很久以前的事了。

　　所有的关系，都是需要双方共同经营的；而在这一最不寻常的关系中（因为狗是唯一会接受另一物种的命令指示的物种），迈出第一步的是狗。如果还需要更多证据的话，那就是狗训练人类的时间要远远超过人类以为他们训练狗的时间。

　　最初，狼因为人类会生火取暖而被吸引到人身边来。这种羁绊残留至今仍然存在，大多数狗会在家里的暖炉前圆满地蜷缩起来，将大部分的热量与人类隔开。

狩猎的猎犬

狗和人类一样，也是狩猎者。然而，它们也是会投机取巧的机会主义者。倘若一个人愚蠢到在厨房的料理台上留下一大块无人看管的肉，狗可是不会审视自己的良心而放过吃掉它的机会的。它们很聪明，很快就能意识到，虽然它们有办法成群结队地捕猎，从而扑倒比它们巨大得多的野兽，但是总有更容易的方法解决晚餐。捡人类吃剩下的要安全得多。当你能差遣一个人类去最近的超市里买一罐头肉汁浓稠的东西时，为什么还要冒着受重伤的风险外出寻找食物呢？

不管多数假行家本来是怎么想象的，石器时代的人们真的相当文明。例如，彼时他们虽然还没有发现超市会员卡的乐趣，但他们采用了一种方法，就是把食物残渣扔到主要定居点外围，堆成一大堆。这就意味着老鼠和其他害虫被阻隔于居住区外。看来，即便是石器时代的人们，也很难让当地管事的人每两周出现一次清空所有的垃圾。狼便开始充分利用这一免费获得食物的机会，很快，它们就意识到和人类保持友好关系大有裨益。

领土倾向

除了都有狩猎本能，狼和人类渐渐意识到他们还有其他共同之处：他们都有领地意识。既然已经找到了可靠的食物来源，狼就会保护这些食物，不让它们被其他想吃到免费午餐的危险动物吃掉。每当另一只饥肠辘辘、淌着口水的野兽离人类的洞穴或营地太近时，狼群就会狂吠、嚎叫，发出信号提醒人类注意潜在的危险。他们一起击退了许多威胁，也是以这样一种合作，人与狼开始一起居住、一起生活。通过假装人类是伙伴关系中占主导的一方，狼奠定了使人信服且足以吹嘘卖弄的根基，自此再没有其他非人类物种可轻易逾越狼的地位。

犬科

犬科动物的世界中还有许多亚种（狗、狼、豺、澳洲野犬、狐狸和郊狼），但它们都属于被称为"犬科"的生物家族。DNA证据表明，最早被驯化的犬科动物是灰狼（学名为 *Canis lupus*）。它们是群居动物，交配后终身为伴，常以家族为单位四处游荡，只有在现有配偶自然死亡或被杀害后才会寻找新的配偶。显然，它们在忠诚和忠贞方面有很多地方值得人类学习。

一个狼群家族成员的数量一般在五到十二之间，其中以亲代狼——领头的雄狼和雌狼——为核心，其下有各年龄段的子代，组成复杂而明确的等级制度。当年轻的狼发育成熟后，它们往往会离开，寻找配偶，建立自己的狼群。许多人可能会对这样一个物种深感钦佩：狼的孩子真的能彻底闯出巢穴，而不会在三四年后的某个周日下午回到爹妈家来，身无分文的同时，还带着装在一堆垃圾袋里两个月没洗的衣服。

狼是一种掠食动物，经常长距离追踪猎物。狼很狡猾，这也使它能够尽可能长时间地保持隐蔽。当目标猎物最终意识到自己离死亡多近时，它的反应决定了自己究竟是能活下来还是就此丧命。狼喜欢追逐的感觉。要是猎物原地不动，狼甚至可能会放弃对其狩猎，不再理会它；但要是狼想找点乐子，它就会故意把它们吓到乱跑。

如果你在训练狗的时候发现自己一无所成，那就得禁止它睡在你的床上。

要不然，过不了多久，就是狗占有了你的床，而你只能盖着狗的毯子入睡。

若是在追逐一群动物，狼会试图把这群动物分离，然后集中注意力追逐其中一个。当猎物出现在视野中时，狼会迫使它们穿越崎岖不平的地方，以减缓其逃跑的速度，或是把它逼到死胡同里或悬崖峭壁上。善于观察的假行家或许会注意到，家犬也会采用类似的策略。当狗跳上双人床时，它会故意躺在人中间，分离床上的主人，并逐渐把他们越挤越远。在至少有一个人掉到地板上前，它是不大可能会心满意足的。因此，这里你需要获取一条重要的经验教训：如果你在训练狗的时候发现自己一无所成，那就得禁止它睡在你的床上。要不然，过不了多久，就是狗占有了你的床，而你只能盖着狗的毯子入睡。这被称为"狗老大综合征"（alpha dog syndrome）。其他迹象包括：

· 客厅里的最好座位是属于狗的。这个位置离暖炉最近，也拥有看电视时的最佳视角。在一些极端的案例中，电视遥控器也被尼龙搭扣固定在扶手椅上供狗换台用。

· 狗在吃晚饭时坐在餐桌的首座。

· 当一家人一同外出时，狗是第一个离开屋子的，也是回来时第一个进屋的。

· 当一家人一同乘车出门时，狗坐在副驾驶座上。

· 出门散步的时候，狗会第一个穿过大门、越过台阶。身处人群中，它总要走在领头的人前面。

作为正宗家养宠物的狗（在如今这么个"政治正确"[①]大行其道的时代，我们要学会称呼它们为"动物伙伴"），往往是那些成功支配、主导其兽群的狗。身为人犬团队的一分子，狗会被人类训练以承担特定的工作而成为牧羊犬、警犬或导盲犬等。通过训练，它们在自己加入人类的那一刻起就明确了它们的职责何在。然而，没有养过狗的假行家也许会采纳这样的观点：所有的狗都是狗老大。毕竟，在人与狗的关系中，谁是去捡对方"便便"的那个？如果你是一位来访地球的火星人，见到这样的场面，你会觉得谁才是老大呢？

---

① 政治正确（political correctness，通常缩写为 PC）是一个用于描述旨在避免冒犯或不利于社会特定群体成员的语言、政策或措施的术语。在公共话语和媒体中，该术语通常被用作贬义词，暗示这些语言、政策或措施是过犹不及或没有必要的。

由狼到狗

把狼驯服成狗并非石器时代的人类一夜之间就完成的壮举。狼与人类花了一代又一代的时间，才最终谈成了这笔买卖：狼同意接受人类的喂养、庇护和温暖，协助人类狩猎和采集，并向人类警示前来山洞门口的不速之客。

如今，驯化狼的试验却都以失败告终。幼狼可以由人工饲养，它们也的确十分听话。但随着狼崽逐渐发育成熟，它们体内狼的基因就开始发挥作用，提醒它们：它们别有人类社会之外的选择。狗或许知道不能去咬那只喂它食物的手，但研究人员很快发现：狼并无此般恭顺，尤其是喂它食物的那只手看上去要比干巴巴的狗粮更让它胃口大开的时候。

幸存到如今的狼都是那些学会与人类共同生活的狼——它们不会去咬他们。对于那些游荡觅食的狼，只要对我们的祖先构成威胁，就定然会被打包送走。因此，只有性情温顺的狼才会被邀请到人类的家门前。1990 年的电影《与狼共舞》[①] 中的"双袜"就是体现狼对人应该有的正确态度的一个好榜样。

科学家已经意识到，如今的狗，即使已经完全长大、成熟，依然会展现出许多小狗般的特性。狼崽会乐于与球嬉戏玩耍，一只彻底成熟的狼则不然。成年狼和成年狗之间的重大区别就在

---

① 《与狼共舞》(*Dance with Wolves*)，1990 年上映的美国西部电影，讲述了在美国南北战争末期，联邦军中尉邓巴与苏族印第安人结下友谊的故事。影片中，主人公邓巴独自在前线驻守时与一只腿上有两片白毛的狼成为朋友，因而狼被取名为"双袜"。

于，成年狗仍然会保留一种顽皮和幼稚的品性。假行家若是想在与狗主人的谈话中提起这个问题，那它有一个专业术语，叫"幼态延续"[①]，即在成年后依然保留有幼年的特征。许多女人经常用这个词来形容自己的丈夫或男友——每当他们支持的足球队输球的时候，他们都能熟门熟路地退化到他们四岁时的模样。

的确，你应该发现自己总会被问到这样一个问题：狼和狗之间到底有多大区别？你可以自信回答：1.8%。狼的 DNA 和狗的DNA，只有 1.8% 的差别。家犬在本质上就是狼的幼崽，它们的肉体已经长大，只是在情感方面未及成熟。这也是为什么许多女性在打算和男人过日子前，会先养一只狗适应的原因。

---

① 幼态延续（neoteny），指生物体——通常是动物的生理（或体细胞）发育的延迟或减缓。幼态延续（相对于其他灵长目动物）存在于现代人类中。幼态延续会导致幼稚形态，是指以前只见于幼体的性状在成年后的保留。这种保留在进化生物学、驯化和进化发育生物学中很重要。

无论血统如何，狗都会无条件地爱自己的主人。正如所有假行家会告诉你的那样：重要的不是你自何方来，而是有谁追随你往他处去。

不 同 品 种

创造不同的品种

  尽管灰狼可能是第一种被驯化的犬科动物,可它并非人类试验过唯一像狗的动物。和被用来培育优秀工作犬的豺和郊狼一样,就连生性狡猾的澳洲野犬据说也与以温厚忠实著称的澳大利亚卡尔比犬的遗传史有关。

  自从人和狗走到一起,两者之间的关系主要呈现相互尊重和相互依赖的局面。如果狗能为人工作来赚取生活必需品,那么人也会照顾一下狗的基本需求。这么多年来,人和狗一直在共同发展。当前者开始培育农作物时,就需要后者让害虫无法靠近他们的庄稼。小狗在这方面做得更好,因为它们可以钻进洞穴和坑道里追逐老鼠。当人们发现如何用同种植农作物一般的方法饲养家畜时,就立马意识到自己的狗还可以用来放牧如山羊和绵羊一类的动物。体型更大、更为灵敏的狗更善于让被它们放牧的动物抬起蹄子不停走动。而当人类开始建造城堡和宫殿时,便意识到他们需要体型更大、更为凶猛的狗来守卫大门和吊桥。俗话说，养狗何必自吠——除非你是报纸编辑、报社老板、足球教练或者军队里的教官。

狗有家谱的好处就在于给了它们其他可以跷起腿对着撒尿的东西。

随着时间的推移，人类意识到对于狗而言，特定的品种有着特定的品质。如果人需要一只体型较小但勇敢坚定的狗，那他得先找到具备此般品质的亲代狗。对于某些特质来说，可能顾此就会失彼，但最终我们的祖先还是发现：只要你不断地匹配合适的基因，你最终就可以得到你追求的品质。如此一来，一个新的品种诞生了。这对人类来说也是一样的，不过斯堪的纳维亚人是在不经意中将这种被称为"优生学"的行为实操了几个世纪，直到德国纳粹给它添了个恶名①。

假行家应当了解狗的三种主要分类，以免一上来就无意间把

---

① 指"优等民族"（Herrenrasse），是纳粹意识形态中的一个概念，其中假定的"雅利安人种"被认为是人类种族等级制度的顶峰。纳粹理论家阿尔弗雷德·罗森伯格（Alfred Rosenberg）认为"北欧种族"是"原雅利安人"的后裔，而斯拉夫人、罗姆人和犹太人被定义为"劣等人种"（Untermenschen），因此被认为是对雅利安人或日耳曼民族的威胁。

狗主人给得罪了。(你永远不会无意间得罪狗的，因为它们总是很高兴见到你。)这三种分类如下：

纯种犬

纯种犬是指父母都是同一品种的纯血统犬，它们所有可以追溯到该犬种形成的祖先跟它们也是同一个品种。这就好像人类有可以追溯到征服者威廉[①]的祖先一样。狗有家谱的好处就在于给了它们其他可以跷起腿对着撒尿的东西。

杂交犬

杂交犬并非杂种犬。正如任何一个杂交犬的主人都会快速指出的那样：两者之间其实天差地别。杂交犬的父母双方都是纯种犬，尽管它们不是同一品种。拿人类类比，这就好像一个有苏格兰先祖的王朝继承人与有英格兰先祖的王朝后裔结为姻亲一样。当然，这样的情况已经持续发生了几个世纪，多数都很成功，如今还存在的皇室也能证明这一点(除了苏格兰、德意志、希腊的王室)。

杂种犬

杂种犬是两只狗在某个周五或某个周六晚上"酒后乱性"，第

[①] 征服者威廉(William the Conqueror，约1028—1087)，诺曼底公爵罗贝尔一世的私生子，后袭爵，于1066年在黑斯廷斯战役中击败哈罗德二世后成为英格兰国王，称威廉一世。威廉有时也被称为"私生子威廉"(William the Bastard)，bastard在英语中又有"杂种"之意。

二天早晨醒来仍然无法确定自己昨晚和谁睡过的产物。杂种犬是随机繁殖的结果，其父母也是混种。每一只杂种犬都是独一无二的。

假行家们要是正考虑往自己家中添一只新的小狗，就应当了解这三大类狗的每一类。

倒不是因为它们之间特征和脾性的区别，而是因为每一类狗都会在财务方面对你造成不同程度的损耗。一只纯种的狗崽可能要花费你数千英镑，一只杂交狗的价格大约为前者的一半，而一窝杂种狗则一分钱都不要就能带回家。不过，只要你和任何真正养狗的人交流，他们都会告诉你狗的种类并不重要。无论血统如何，狗都会无条件地爱自己的主人。正如所有假行家会告诉你的那样：重要的不是你自何方来，而是有谁追随你往他处去。

设 计 犬

杂交犬的优势在于杂交可以创造出具备功能性和一定性格特征的犬种，媒体更是给其中一些贴上了设计犬或"精品"犬的标签。这是因为进行杂交配种，狗狗们产下的新品种后代总会有一些幽默的混成名。将一只拉布拉多犬（Labrador）和一只贵宾犬（Poodle）配种，其杂交后代会被称为"拉布拉多德利犬"（Labradoodle）；如果父母一方是可卡犬（Cocker Spaniel），另一方是贵宾犬，那么所生的小狗就叫作"可卡颇犬"（Cockapoo）；

京巴犬（Pekingese）和贵宾犬杂交的后代则为"皮卡普"（Pekapoo）；西施犬（Shih Tzu）和贵宾犬交配得来的后代会有一个相当不浪漫的名字："粪粪犬"①。不足为奇的是，西施犬在那些有点粪便癖的杂交犬培育者间非常受欢迎，尤其是把它们和一种体型较小、精力充沛、被称为"杰克罗素梗"（Jack Russell Terrier）的狗配种。但没有很多人会去养这种狗的串儿②。

狗的"分类学"

在培育好我们的狗并让它们满足特定的工作需求后，合乎逻辑的做法便是基于狗的特定技能设计一个分类系统。如果你被某个品种的狗逼到绝境的话，对于这些不同品种的基本了解会帮助你明白自己应该如何应付它们。

枪猎犬（运动犬）

枪猎犬因其身手敏捷和精力充沛而被培育，使它们成为寻回主人射中的猎物的不二选择。当野鸡或其他猎禽从空中被打下来时，忠心耿耿的枪猎犬会穿越乡村取回其尸体。如果这只倒霉玩意儿还在抽动的话，枪猎犬会猛烈甩头从而迅速地做掉它。很重

---

① 原文作 shihtpoo，shit（shit 与 shiht 音近）和 poo 都有"屎""粪便"之意，是作者故意取歧义而作。西施犬与贵宾犬的杂交后代一般被叫作"西普犬"（Shih-poo）。

② 原文作 Jack shiht，亦是作者故意取歧义而作，从而形成本句中的双关。西施犬与杰克罗素梗犬的杂交后代一般被叫作"杰克施"（Jack Tzu），取西施犬（Shih Tzu）的后一音节。

要的一点是，枪猎犬并不会将找回的尸体撕碎。这种乐趣是留给它的人类主人的，或是他们的男仆或厨师的。

比较著名的枪猎犬品种包括

> 寻回犬（看名字也猜得出它们是枪猎犬）：金毛寻回犬和拉布拉多猎犬；
> 西班牙猎犬：英国可卡犬和英国史宾格犬；
> 雪达犬：英国雪达犬、爱尔兰雪达犬（红色雪达犬）。

猎犬

枪猎犬会在你用铅弹打穿狩猎目标时帮你取回它们的尸体，而猎犬则会在第一时间帮助你找到猎物。靠视觉或嗅觉来追踪目标的狗都可以归到这一类。这种狗大体上性情闲散，是理想的家庭宠物。它们很容易分心，尤其当它们遇到比它们应该跟踪的气味更具吸引力的气味时。这些更具吸引力的气味可能来自害虫、马路上被轧死的动物、被猛禽弄死的动物、猫或是其他狗。你或许认为它们是在追寻一只猎禽的气味，可要是你发现它们的目标其实是食物链上游某个不幸受害者的腐烂尸体，也别觉得惊讶。

常见的猎犬包括

> 可负责嗅探的巴吉度犬和米格鲁猎兔犬[1]；

---

[1] 米格鲁猎兔犬（Beagle）在国内又从音译通称"比格犬"。

靠视觉狩猎的格力犬[①]、惠比特犬、阿富汗猎犬。

牧羊犬

家中孩子较多的家长比较喜欢牧羊犬，因为它们擅长围捕小孩，防止他们走失。不过牧羊犬主要为农民和牧民所用，一只牧羊犬可以管理数百只绵羊。这些牧羊犬是非常聪明的动物，能够应对多重刺激（因而数羊并不会让它们犯困）。它们精力充沛到不乐意农民用四轮摩托车载它们，而且它们能够穿越四轮摩托所无法企及的困难地形抵达乡村的某些地区。

牧羊犬品种包括边境牧羊犬、德国牧羊犬和威尔士柯基犬。

梗犬

梗犬因性情顽强而被人类培育来进行害虫防治。可别想和它们玩什么拔河游戏，因为它们固执极了，每次都会赢你。一旦它们咬到什么东西，就绝不会松口。你要是拿着东西在梗犬面前晃悠，那风险得由你自己担着。因此，男子若在户外解手，在任何靠近这种高警惕性品种的小狗的地方都不可掉以轻心。一些梗犬还是挖掘能手，它们会高兴地在地底下穿越隧道和洞穴去追逐猎物，希望能够把它们逼到角落，从而一举猎杀。这也意味着它们可以充当得力的推土机，因而那些需要反复大量挖土和重新布置土壤的园丁更青睐梗犬。

---

① 格力犬（Greyhound）又名灵缇。

梗犬品种包括杰克罗素梗、西高地白梗、诺福克梗、澳大利亚梗和约克夏梗。大型梗犬则包括万能梗、爱尔兰梗和斯塔福德牛头梗。

赏玩犬

赏玩犬因其体型往往是第一次养狗的人的首选小狗（大一些的也有）。赏玩犬最初是供人们在膝头把玩而培育出来的，如今的社会名流则早已把它们转变成了装在手提包里的狗。尽管赏玩犬相当活泼好动，它们步幅仍然过短。这意味着如果让它们换一个手提包的话，赏玩犬需要花很多时间才能走完换包的这段路。

受人们欢迎的赏玩犬包括吉娃娃、京巴犬、博美犬以及比熊犬。可别小看它们，虽说短小，打起架来可是相当彪悍。

工作犬

工作犬指的是那些工作日朝九晚五地外出工作、周末休息，直到需要置换髋关节时才有望退休的狗。人们饲养这些狗以满足特定的工作需求，比如看门、拉雪橇或搜救。工作犬都尤其聪明，尽管有些人可能因为它们对职责的忠贞不贰而对它们的智商产生怀疑。一只搜救犬可能得在寒冷、潮湿、黑暗和大风肆虐的山腰上耗上几个小时，而它找到迷路的愚蠢"驴友"后，奖励也不过是主人轻拍它的脑袋。话说回来，人类搜救志愿者甚至都得不到被拍拍头的机会，所以从技术层面上来说，狗比人强。

工作犬包括杜宾犬、大丹犬、罗威纳犬和纽芬兰犬。

功能犬（非运动犬）

功能犬并非因为擅长清洗家里要洗的衣物或者熨烫衣物而被归类为功能犬，功能犬指的是那些不属于其他类别的犬种。

功能犬包括斗牛犬、大麦町犬和贵宾犬。

给 狗 起 个 坏 名 字

一个准假行家应当能够迅速从狗主人赋予自家小狗的拟人化特质中辨别出其对狗的喜爱程度。通常情况下，这些人谈论自家狗的次数要比谈论自己生活伴侣的次数多得多。虽说狗是一辈子的事（而不像我们常被提醒的那样只是买来当圣诞节礼物[①]），伴侣才更可能陪我们过一辈子，除非有更好的选择出现——通常会是另一只狗。

狗的名字

相较于自己的后代，狗主人会花费更多的时间来纠结如何称呼自己的四条腿朋友。要决定更怜爱谁并不容易：是那个叫迪福

[①] "狗是一辈子的事，而不仅仅是为了过圣诞节。"由慈善机构"狗狗信托基金"于1978年创造并使用，当时该机构估计约有20%的狗是被当作礼物送人用的。

的小孩呢？还是一只叫科林的拉布拉多？

狗主人应该对候选名字进行两项测试，以确定它是不是适合用来喊狗：

发音检验

大声、坚决地说出打算给狗起的名字，以确定它的发音是否会与你可能给狗的一些潜在指令发生冲突。像"弗雷德"（Fred）这样的名字听起来就和"去睡觉"（Bed）的指令相似。如果你想要你的狗来你身边，而不是郁郁寡欢地早早溜回去睡觉，那么叫这种名字就很容易引起狗的误会。同样，如果你想发出"紧跟"（heel）的指令让狗跟在你脚边的话，管它叫"尼尔"（Neil）就不是什么好主意了。不过话说回来，管狗叫"尼尔"无论如何都不是太妙。

呼喊时是否尴尬？

当你的狗行为不当时，它通常身处公园的另一边。主人必须得用比低空飞行的空客飞机更高的分贝来喊狗的名字。除了音量，狗主人还应当考虑呼喊"绒绒！"时的尴尬程度。"放过那位女士的腿，马上回来，快！"

真正的狗主人总会因为他们给狗选的名字而被立刻认出。狗的名字最多一个或两个音节，而且得适合狗。一家美国宠物保险公司最近的一项调查显示：最为流行的五大公犬名为马克斯、杰克(Jake)、巴迪、杰克(Jack)和科迪；最为流行的五大母犬名为茉莉、贝拉、黛西、玛吉和露西。很明显，给狗取名就是狗主人个人喜好的问题，但最好还是要规避最受欢迎的前五十个名字中的某些，比如阿玛尼、迪奥、古驰、普拉达和香奈儿。为什么这么说呢？嗯……老实说，用时尚奢侈品牌的名字来给狗取名就是有那么些微妙的不合适。

在个人财务安全方面的最新研究进展也表明：在决定狗的名字时，总是需要慎之又慎。狗的名字得听起来完全不含恶意，因为银行可能会要求你把它作为访问在线账户的登录程序中的一步操作。某种程度上，"剃刀""指节""砍刀"这样的名字是不会让客户服务代表对你的银行征信真正充满信心的。(这还首先假设了你有特权与人而非与机器进行业务交谈。可即便是后者，也可能存在触发词使得银行警报系统响起。)

育犬协会[1] 登记名

纯种狗都有两个名字。它们有着自己的"昵称"(即其在公园里举止不当时主人对它的称呼——名字前往往还带有四字辱骂性词语)，还有就是主人为它们在育犬协会登记的名字。英国养犬

---

[1] 育犬协会(kennel club)是一个犬类事务的组织，关注一种以上犬种的繁殖、展示和推广。育犬协会于十九世纪中期开始流行。然而，育犬协会所关注的犬种仅为该组织决定承认的品种，而"品种"特指纯种狗，不包括杂交犬或杂种犬。仅仅处理一个品种的犬类俱乐部则被称为"育种协会"(breed club)。

协会^①允许狗的名字最多二十四个字母长，而在美国这么一个什么都会更大一些的国家，美国犬业俱乐部允许的狗名都要更长一些——最多可达三十六个字母。育犬协会的登记名意味着你可以据此追溯狗狗的家族历史。把它想象成《你以为你是谁？》^②的狗狗版。当身为原版莱西犬的第二十九代切尔西柯利牧羊犬后裔的你的狗将要竞争《灵犬莱西》^③第十二个翻拍版本试镜时，在育犬协会留有大名这种事情就显得尤为重要。假行家如你当然知道第一部《灵犬莱西》电影中的柯利牧羊犬名叫帕尔^④。这就有三十三个字母的余裕没用上，似乎有点浪费。顺便提一句：帕尔从大银幕退休后依然疲惫不堪，被大量配种而留下遭人觊觎的小崽后，最终于 1958 年在好莱坞去世，享年十八岁（相当于人类的一百二十六岁）。

---

① 英国养犬协会（The Kennel Club，简称 KC）是英国官方育犬协会，也是世界公认的最古老的育犬协会。它的作用是监督各种犬类活动，包括犬类表演、犬类敏捷性和工作试验。英国养犬协会的注册系统将狗分为七个育种组别：猎犬组、工作犬组、梗犬组、运动犬组、牧羊犬组、功能犬组和赏玩犬组。截至 2020 年，英国养犬协会承认 218 个犬种。英国养犬协会是国际犬业联合会（Fédération Cynologique Internationale，简称 FCI）的非会员伙伴。

② 《你以为你是谁？》（Who Do You Think You Are?）是一部英国家谱系列纪实节目，自 2004 年起在英国广播公司（BBC）播出，英国的名人参与者在节目中追溯他们的家族历史。该节目已有十多个国际改编版本。

③ 《灵犬莱西》（Lassie Come-Home）是英国作家埃里克·奈特（Eric Knight）所著短篇小说，讲述了一只粗毛柯利牧羊犬为了与她所忠诚的小主人团聚而长途跋涉的故事。《灵犬莱西》亦有数十个电视、电影、广播翻拍或改编版本。

④ 在小说设定中，莱西是一只雌性粗毛柯利牧羊犬，而帕尔（Pal）是一只公狗。

样貌相似

人们心中普遍存在一个错误观念，那便是狗总看起来像它们的主人。实则不然，是狗主人选择让自己看上去和他们的狗很像才对。这种现象背后暗含的并非只有巧合。巴斯思巴大学最新的一项研究表明：人们更倾向于选择与自己外表特征相似的狗。这一结论基于近期的一场社会实验，人们在实验中被要求把狗的照片与它们主人的照片配对。参与者进行配对的正确率是错误率的两倍。假行家需要了解一些这样的信息。

品种相似

虽然长得和主人很像的狗可能会被认为是在主人手上（或爪子上）待得更久的忠诚小狗，但和主人行为相似的狗狗则是一种完全不同的……呃……品种。这些主人不仅模样看起来像他们的狗，而且他们的行为举止也和他们的狗一样。

没有一家体面的夜总会门口不会站着一个身材魁梧的平头保镖在那里咆哮，不然它就是一家失去灵魂的夜总会。在家里，他忠实的罗威纳犬——多半叫泰森（Tyson），就是自己主人的翻版。当然，真正了解这个品种的人都知道，你在附近找不到比他们内心更柔软的大软蛋了。即便他们确实长着一张只有他们老妈才能怜爱得起的脸。

养狗当娃

无须心理学家指出，有些人就是把宠物当作代孕来的小孩养。事实上，对于那些打算暂停人类生殖实践但又着手于完成养娃壮举的主人来说，承担起照顾狗狗的责任是很好的做法。敏锐且有先见之明的准父母们已经注意到了专家在重新控制不听话的狗和重新控制不听话的孩子方面所采用的技术有相似之处。例如，在训练狗的过程中，专业驯狗师经常会效仿抚育儿童时所用的社交孤立行为训练"策略暂停"[1]。唯一的区别在于一定要把狗有效地隔离于不良行为发生的地方之外。同样重要的一点是，这一技巧只有在很短期内使用才能奏效。无论是狗还是小孩都不可能长期在孤立的环境下学到东西（除了对你绵绵不尽的怨恨之情）。

不良行为往往是这两种不守规矩的生物寻求关注的后果，而对小孩或狗进行责骂或训诫都会成功达成这种关注需求。因此，许多专家建议我们应该忽略一些不良行为，并大力表扬良好行为。到你下次看到邻居家的狗在啃一把赫波怀特[2]古董椅的椅子腿时，就当作没看到吧。你的邻居到头来还会因此感谢你的。

当然啦，减少不良行为的最好办法还是让他们忙到没有时间去调皮捣蛋。你可以让他们周一游泳、周二跑步、周三打球、周

---

[1] "策略暂停"是一种行为矫正方法，包括将一个人从实施不可接受行为的环境中暂时分离，从而达到消除违规行为的目的。"策略暂停"是多数儿科医生和发展心理学家推荐的一种教育和育儿方法，是一种有效的管教形式。通常可指定一个角落、一个特定座位或一个类似空间，在策略暂停期间，当事人要保持站立或坐下。

[2] 赫波怀特式家具以乔治·赫波怀特（George Hepplewhite）命名，主要共同特点为赫波怀特椅的盾形椅背。乔治·赫波怀特被认为是十八世纪英国"三大"家具制造商之一，与托马斯·谢拉顿（Thomas Sheraton）和托马斯·齐本德尔（Thomas Chippendale）齐名。

四导引训练、周五跳尊巴，可以到周六和周日再安排芭蕾课和派对。至于小孩，他们不得不适应这样忙碌得像狗一样的社交生活。

悼念忠诚的朋友

我们都能理解失去一位如此亲密的家庭成员是何种沉重打击，狗主人理应获得像人类近亲逝去一般的安慰。从未失去过亲人或从未养过狗的人实难了解这样的心态。一些人甚至无知到认为失去家养的狗是件可以当作笑料的事，还疑惑自己为何会因此受到暴力威胁。假行家——尤其是假行家，一定要明白应当以十足的同情与体贴处理狗的死亡事件。失去狗的主人永远不会忘记任何来自他人的同情与理解。

随着饮食条件和医疗卫生条件的改善、提高，如今的狗比以前活得久了。许多家犬现在都能活到十几岁（比如名字里少用三十三个字母的帕尔），这可要比许多人与人之间的关系都长久得多。

失去一只狗会让人想起当初为何养狗：

- 它们永远不会为了另一个人而离开你（还把你的大部分东西一起带走）。
- 狗不会在意你为哪个政党站队。
- 狗是史上最佳锻炼"教具"。它不会像私人教练那样每小时收你六十英镑，也不会朝你大喊大叫。

· 狗会在家里遭贼的时候立马告诉你。

对狗的哀悼可能在它去世前就会开始，因为主人或许要艰难地下定决心才会让他们的狗狗伙伴"安乐死"，以免让狗经受太多痛苦和折磨。不过，许多旁观者会说：安乐死实际上对狗是有好处的。如果讨论中出现这一话题，你大可引用捷克作家米兰·昆德拉的话来彰显你的博学："与人相比，狗的优势不多，但其中一点格外重要：法律不禁止对狗施行安乐死，动物也有权获得仁慈的死亡。"

即便如此，以何种方式面对爱犬的死亡都是令人不安的。多数主人不愿意走这最后一步，哪怕他们知道这样做才是对的。与这个决定妥协可能和直面失去爱犬的现实一样艰难。一些独立研究专家甚至不认为已婚伴侣能够在承担为另一半选择安乐死的责任后痛苦那么久。

狗主人对自己的狗是否真心往往可以由他们如何对待宠物死后的尸体体现。人们可能会把去世的亲戚埋在本地的墓地，或是火化后把骨灰撒在一处有珍贵回忆的风景胜地。相比而言，狗主人则会把小狗菲多就近埋葬在花园里，或者将它的骨灰放于客厅壁炉架上的骨灰盒里。如果幸运的话，弗洛姨妈的骨灰通常会被摆进阁楼里，而罗恩叔叔的在天之灵往往会发现自己被放在鸡尾酒柜里（即使让他自己选，他也更乐意选酒柜）。

普通狗的智商水平与三岁小孩无异。也就是说，大多数狗能在你不注意的时候摆弄你的手机、登入你的社交媒体账号。

犬 类 特 征

对这一主题一无所知的人会觉得狗就是一种有着四条腿和一条尾巴的动物。可假行家如你自然明白这种表述其实也能准确地描述许多其他动物。要想真正理解狗何以为狗，我们还是得了解一些生物学知识。

嗅觉

狗的嗅觉不容忽视。虽然人脑大约比狗脑大十倍（也取决于人类个体和犬类个体的体型差异），但人脑专供嗅觉的能量与狗相比实在相形见绌。犬类大脑平均分配给嗅觉的认知能力比典型的人脑多四十倍。因此，下次当你的狗闻你的手时，它能获得的有关你去过哪里、何时去的、和谁一起的信息比你的超市会员卡能收集到的还要多。它们不会说话也是好事。

这种出众的感觉能力，归根结底靠的是我们的鼻子里的东西。准确地说，是它们的鼻子里的东西。尽管人和狗的鼻孔里都有嗅觉感受器，人类平均只有大约500万个，而相比之下，我们犬类同伴的鼻腔中有大约1.25亿—3亿个嗅觉感受器。我们也弄不清楚是谁计算整理的这些数据，以及研究人员是如何让狗安静坐下那么久来获得这些数据的，但我们仍然需要面对这样一个事实：如果人类的鼻腔中也有这么多感受器的话，他们可能也会像狗一样闻闻彼此的屁股。这一认知使得科学家能够进行各类实验，然后他们宣称：狗（显然）能够在一百万个蒸馏水分子中辨别出一个气体分子。

狗拥有其超级嗅觉的一大原因是为了生存。当幼犬刚出生时，它们的眼睛是紧闭的，因为此时它们还没有完全发育好，也听不见声音。它们能确定周围环境的唯一渠道就是嗅觉，而周遭最强烈的气味来源于它们的母亲。正是这种能力让幼犬能够找到母亲身上哪个部位能为自己提供养分。新生幼犬的眼睛在出生后两周内都不会睁开，因此嗅觉是其知晓周围环境的唯一方式。

湿漉漉的鼻子

只要你在学校里上生物、化学课的时候用心听讲过，就早应该知道，正是鼻子上的水分让狗能够如此有效地辨析气味。狗鼻子就得是湿漉漉的，才可以捕获气味分子，从而让狗能够在它们进入鼻孔直冲感受膜的时候将其分解，再加以分析。神经冲动将这一信息从细胞膜传递到大脑以进行最终的解读，这样狗就能通过闻——你懂的，那个能透露重要信息的部位——来判断另一只狗三周前的午餐吃了些什么。

智力

研究表明，一般的狗有着和人类三岁小孩相当的智商。这就意味着大多数狗都能够操作机顶盒、重调你 40 英寸 3D 电视的制式，还能在你不注意的时候摆弄你的手机，登入你的社交媒体账号。在某个美好的日子，它们甚至能在平板电脑版《愤怒的小鸟》游戏里把你打到完败。

据说，狗的大脑平均占其全身总重的 0.5％，而人脑约占人类身体总重的 2％。狗最擅长的就是用脑子学习新的把戏。尽管有句谚语说得正相反，可对于老狗来说，学会新把戏还是有可能的……只不过老狗花的时间要稍微长一些。

嘴巴

狗喜欢让自己的嘴巴物尽其用，嘴里咬着东西会让它们更加高兴，比如说……嗯，任何方便"称嘴"的东西。咀嚼的动作会释放内啡肽，有助于帮助狗狗保持镇静和放松，并且一直快活地忙忙碌碌。所以，狗啃咬地毯、遥控器或是你最喜欢的鞋子时，它只不过是在放松自我罢了。此时最好的建议是让它们接着啃，除非它们咬的东西恰好是很贵的东西。在此类情况下，除非你能找到更有趣的东西取而代之，不然就别想从狗的嘴巴里把东西抢回来。

舌头

狗或许能够以鼻子完胜于你，但它们的舌头能让它们一败涂地。不像它们的眼睛，狗的味蕾自打它们一出生就处于充分的工作状态，可是一条狗只有 1 700 个味蕾（你或许可以对是何方神圣在统计这些数字进行合理的猜测）。我们人类肌肉性静水骨骼上长着比狗多大约六倍的味蕾。尽管有这种味蕾缺陷，狗还是有区分甜味和酸味的能力，这也是为什么它们喜欢吃主人的中餐。事实上，这也是它们喜欢（除了豆芽菜的）所有食物的原因。

狗的舌头虽然在品尝能力上有所欠缺，但在其他方面得到了弥补。对狗而言，舌头是一种主要的梳洗工具。狗的舌头让狗能够触碰到自己身上许多别的动物无法自行触碰到的身体部位（它们要是做得到，也会去够的）。狗舌头能够向后卷，从而形成像勺子的功能。将舌头向后卷成勺子状有助于狗把水舔进嘴里，这也是犬类散热系统的一个主要部分。在狗运动的时候，流向舌头的血液量或增加到平时的六倍之多。热量使得血管扩张，由此让更多血液流向舌头，导致其肿胀而"耷拉"在嘴外头。当凉爽的空气或水经过舌头表面时会发生热量交换，使得循环中的血液冷却，从而降低狗的体温。不过，通常在此之前，狗就会决定先狂舔你的脸，让你满脸都是它的口水。

牙齿

狗和人类一样有两副天然牙，只是它们在约莫四个月大的时候乳牙就会脱落。它们比我们多十颗牙（即四十二颗——以防你无法确定自己应该有多少颗牙），其中十二颗是门牙，有利于狗啃咬和咀嚼东西。它们还有四颗拥有完美穿刺力的犬齿，十六颗能把肉从骨头上撕扯下来的前臼齿，以及十颗能够捣碎食物的臼齿。等下回有狗狗温柔地把你的手放进嘴里时，尽量不要想起上面这些内容；当它在花园里毫不费劲地啃碎一块生肉骨时，也不要看得太仔细。

听觉

狗有着复杂的听觉系统。有时它无法注意到与它共处一室的主人大喊"别动！"，但却能察觉到 1 英里（约 1.6 公里）外拆开斯提尔顿奶酪[①]包装的窸窣声。

狗利用它们的听觉来辨识声音的来源，同时也能够以此区分相似的噪声。这种能力在它们不得不自行觅食而开始狩猎时不可或缺。人类的听觉范围为 20—20 000 赫兹，而狗的听觉范围则为 40—60 000 赫兹。狗哨的发声频率为 23—54 000 赫兹，因此作为人类的我们是听不到的。这也就解释了为什么 98.275 % 的狗哨会被当成次品退货。

狗耳朵的形状也起到了十分重要的作用。竖起的耳朵能像卫星天线一般收集声音，也能够探测到八十米外的动静，而人耳对于二十米外的声音则完全无法察觉。同时，由于狗的两只耳朵能够各自独立地运作，它们故而能够在 0.06 秒内识别出声音的来源。实际上，这意味着狗或许在你放屁之前就知道你要忍不住了。

[①] 斯提尔顿奶酪是一种英国特产的口味浓厚、香醇的蓝纹奶酪。

视力

狗之所以有这么天赋异禀的鼻子，是因为许多品种的狗视力都不太好。有些犬种的视力还是比其他犬种好的，尤其是导盲犬，这多少能让人放心。尽管如此，在某些情况下，狗的视力总是比我们人类要好的。对此，它们则应该感谢它们的狩猎动物祖先。

虽然不管是狗还是人都无法在完全黑暗的情况下看见任何东西，但狗在弱光条件下的视力要好得多。这或许也能解释为什么狗会经常在黎明前就把自己的主人叫醒，期待着外出散步。狗看不清楚的是细微之处，它们多半会因此而无法通过驾驶考试。毕竟目前的条例规定：驾驶员必须能够在二十米的距离外看清汽车的号牌。可对狗而言，它们需要再靠近十四米才能看到同样一块车牌。假行家大可满怀信心地指出这一点，只不过人们如何（或者为什么）能以如此准确性得出这个结论仍然扑朔迷离。

狗的中心视觉有时候可能靠不住，但狗的周边视觉往往非常出色。自狼的时代起，狗就以"宽屏"的模式观察世界，尽管实际的视野因品种而异。吻部短而脸宽的狗，其视野可扩展至200°左右，而人类的视野则为190°。然而，那些吻部较长、眼睛更靠近头侧的狗拥有可达270°的视野。正是这种广角的周边视觉让狗能够捕捉到任何引起其潜在兴趣的轻微动作，比如兔子从洞里蹿出的动作或者把盘子放进洗碗机的行为。

犬类的眼睛可以判定颜色，但它们所见的画面不像人类可见的那样鲜艳。狗能判定各种色调的蓝色、黄色和灰色，但无法确认红色或绿色这些用于交通信号的重要颜色。这大概就是它们无法通过驾驶考试的另一个原因。

你若想吹嘘起来让爱狗人士认为你对这一话题有深入了解，只用在交谈间提到"瞬膜"这个词。瞬膜是狗的第三眼睑，水平地扫过它们的眼睛。它有点像挡风玻璃的雨刮器，能把水分均匀地扫向眼球。如果兽医向你说到"瞬膜"这个词时还提到了另一个名唤"感染"的词，那就准备好大把钞票付账吧。

语言

你应该了解掌握的不是狗说了些什么，而是它是怎么说的。狗狗与周围世界的交流主要就这三种方式：

> 通过噪声；
> 通过利用肢体语言；
> 通过"标记领土"。

吠叫

细心的假行家可能已经注意到，狗其实不只会吠。它们还会低声吼叫、嗥叫、哀鸣、呜咽和尖叫。这些有限的词汇实际上传递了许多信息。吠叫是狗最常见的口语交流形式，可以用许多不同的方式来解释。狗或许会兴奋地吠，尤其是在它知道可以外出散步的时候；可要是它正守在后门边，眼巴巴地等着出去，它可能会沮丧地吠；如果有人企图从后门闯进家里，它又会用一种尤为独特的音调吠；吠个不停——特别是被单独留在家的狗吠个不停，往往明示了它们所感到的无聊。

低声吼叫有可能意味着享受，尤其当狗正在和某件东西——比如隔壁那户的猫或者某个人的四肢——玩着拔河游戏的时候。

嗥叫可以追溯到狗在过去与其他同类进行远距离交流的时代。狗在疼痛或不舒服的时候会发出呜咽声或尖叫声。狗哀鸣起来就像一个青少年，为的都是自己想要的东西——通常是食物或者一双新的运动鞋。

低声吼叫通常是一种不悦的表现，尽管有时候也意味着享受，尤其当狗正在和某件东西——比如隔壁那户的猫或者某个人的四肢——玩着拔河游戏的时候。

肢体语言

狗的肢体语言最容易被另一只狗或真正了解犬类行为的人类理解。对犬类了解不深的人大概会觉得摇尾巴总是友好的标志，但假行家如你需要指出情况不一定是这样。根据尾巴抬升的高度、摇摆的幅度，对不同信息可以做出不同的解释。低悬而疯狂摇摆的尾巴则表明这只狗正在经历一连串焦虑与犹疑的感觉。不过，近期由意大利巴里和的里雅斯特两所大学进行的研究表明：狗的尾巴在高兴时会偏向右侧，在犹疑不定或紧张时偏向左侧。需要注意的是这些研究提及的左右两侧指的是狗的左右两侧，而不是你面对狗时你的左右两侧。因此，如果狗的尾巴向你的左侧摆动的话，那是没有什么问题的；但如果它的尾巴向你的右侧摆动，那就有问题了。务必确保你对此完全明了。

一条具有威胁性的狗会以多种方式表达自己。它会龇牙低吼——内收嘴唇、露出牙齿，并且将尾巴高高翘起、指向空中。它还会紧盯于你，毛发直竖，同时试图守在高处，试图掌控局面。不具威胁性的狗则会沉溺于各种不同的肢体语言当中：从顺从地仰躺在地到跳起来企图舔你的耳朵，应有尽有。放心好了，你很快就能分清威胁性行为和非威胁性行为之间的区别。若内心仍存疑问，那就请你转过身去，站着别动。要么把你自己和狗关在门两边。

气味标记

狗以尿液或粪便给其他狗留下气味标记。此类气味不仅可以帮助它们标记出自己的领土，而且还能以气味了解撒尿或排便狗的性别、健康情况和地位。公狗会跷起一条腿在垂直表面上撒尿，以便在其他狗鼻子的高度标记出自己的气味。母狗更喜欢蹲下，通常是在精心修剪过的草坪里留下气味。它们会以在那里留下一个完美的同心图案为乐，如同麦田怪圈一般错综复杂。

开 饭 时 间

灰狼不会在杀死几头野牛后把它们带回家，然后在烤箱顶层把气标^①调到 9 烤二十分钟，再调到 3 把每份二百克重的肉烤二十分钟。它们也不会把孢子甘蓝煮上个八分钟，只为获得恰到好处的松脆口感。事实上，犬类的首选是生食，且主要是肉食。

最佳饮食

对于何为喂养家犬的最佳方式这一话题，争论一直存在。这个话题往往能激起许多狗主人的热情（更不要说他们家狗的热情了），因而你需要了解足够信息才能对此做出明智而有理有据的评价。如果你听到狗的主人提及 BARF 饮食，可别觉得这是什么导致犬类暴食呕吐的饮食方式。

---

① 气标（Gas Mark）是英国、爱尔兰和一些英联邦国家在燃气烤箱和灶具上使用的一种温度刻度。气标 1 为 135℃；燃气标记每增加 1，烤箱温度就增加 13.9℃。文中气标 9 约 246℃，气标 3 约 163℃。

BARF指的是生理上可接受的生食（Biologically Appropriate Raw Food）。BARF饮食的拥护者认为，喂养狗最友好、最健康的方式就是给狗吃那些它们在野外的自然环境下会吃的东西。一些人认为，这种饮食方式会让狗的寿命更长，减少其患癌症、心脏病、阿尔茨海默病这些退行性疾病的概率，也能让它们的毛皮更有光泽。（"因为它们值得拥有优质的饮食。"这是毫无疑问的。）BARF饮食中的原料包括：

· 带肉的骨头（丁骨牛排、排骨）；
· 内脏（动物内部组织和脏器）；
· 捣碎的蔬菜（通常可在刚死亡的食草动物的消化系统中发现）。

不过，BARF饮食的反对者声称：这样的饮食使得狗很难在适当的时间获取充满恰当营养和维生素的均衡膳食。给狗吃未煮熟的骨头也会增加其在通过狗的消化系统时因碎裂而造成内部损伤的风险。BARF拥护者（如果他们不幸被故意这样叫成"呕吐拥护者"的话）则认为，未煮熟的骨头是不会劈裂的。反对BARF饮食的人又反驳说：给狗喂食生食的主人往往还用奶酪、酸奶、水果和香草副食。对于卖这些东西的熟食店而言或许是个好消息，但吃这些东西不太可能给狗带来多少快乐。如果你是《超级无敌掌门狗》的粉丝，你或许可以猜到狗自己会选择先吃此类熟食的哪一部分。

干粮和湿粮

对狗而言，比较常见的食谱（除了剩饭剩菜以及纵容宠物的主人在吃饭时偷偷塞到桌子底下的食物）是由宠物食品制造商生产的狗粮构成。这些狗粮又分为"湿粮"和"干粮"两种。湿粮稀烂、容易弄得一团糟，通常以罐装或袋装的形式包装。干粮则以极其无趣的饼干形式呈现，有时候会被制成骨头形状使其看上去有点意思。然而，无论干狗粮有多无趣，它们仍然构成了旨在让狗狗的关节变得柔软、心脏更加健康以及毛发自然而然光彩夺目的营养均衡的膳食。有一个学派认为，人类同样可以靠干狗粮存活，甚至延年益寿。不过这样的话，人类可能不太再会期待饭点的到来了。狗也一样，因此最好的方法就是常常给狗在干粮里撒上一点奶酪或是一点残羹剩饭而增加食物的口感。

湿粮看上去和闻起来都像是使用了一些比人类即食菜肴所用更为高质量的肉。如果硬是要在麦乐鸡、火鸡多滋乐和一罐狗粮中做出选择，在英国的大多数人可能会选择狗粮，毕竟狗粮常常比英国学校餐厅里供应的常规饭菜更好吃。一些喜欢湿粮的狗主人喜欢的就是每份湿粮的分量都标定不变，这就意味着每天给狗喂食的分量不会多多少少。

干粮都已经被预先煮熟（其实是完全看不出来的）。这一过程使得狗粮中的大部分水分被蒸发，而之后还会被进一步干燥。维生素和矿物质有时会被喷洒在这些饼干状的食物碎片上，以增加其营养价值。喂干粮容易让狗吃得太多，因为从营养层面来看，较少量的干粮对狗就已足够。而狗粮包装上推荐的分量很可能已经远远超过了狗真正需要的量。不过你猜怎么着？这么一来，狗粮制造商就能卖更多的狗粮啦！

要想判断一只狗吃的是湿粮还是干粮，万无一失的方法便是闻一闻它的呼吸。吃湿粮的狗的口气冲到能把一个两百米外的警察从摩托车上熏倒地，而且你决不会希望自己身处它下风的位置。你完全没必要动用你所有的五百万个嗅觉感受器来判断它们平时吃点什么东西。

致命食物

随着狗粮营养价值的提升，狗的寿命也有所增加。然而，有一些食物（包括一些生食）是狗应当避免食用的。巧克力含有可可碱，是一种也存在于茶树叶子中的物质，无法为狗的机体有效分解。可可碱能够扩张血管，这就是为什么人类喜欢吃巧克力，因为它可以降低血压。摄入可可碱还能利尿。对人类而言，死于可可碱中毒是有可能的，尽管一般只会发生在食用了过量巧克力的老年人身上。（因此，除非你是想送走你的老年亲戚，不然千万别在圣诞节给他们送一大罐凯利恬巧克力[1]。）人体内的可可碱水平会在十小时内减半，而在狗体内则可能需要十七个小时。

主人也应该避免把生洋葱还有大蒜给狗食用，因为这些食物中含有的化学物质硫代硫酸盐会导致红细胞爆裂，从而引起犬类

---

[1] 凯利恬（Quality Street）是一个罐装和盒装的太妃糖、巧克力和糖果系列，由英国西约克郡哈利法克斯的麦金托什公司于1936年首次生产。凯利恬以 J.M. 巴里的同名戏剧命名，如今由雀巢公司生产。

贫血。

目前也已发现：夏威夷果[①]会引发一些肌肉问题，导致犬类站立和移动困难。此外，葡萄和葡萄干也会导致狗肾衰竭。因此，为了狗的健康着想，一定要让它们远离葡萄。对于许多狗主人来说，也是一样。

让狗喝池塘里的死水对它们的消化系统不利，也会让主人客厅里的毛毯遭殃。

水

狗每天都需要充足的水分补给。负责任的主人会为了狗随身携带淡水。你总是能够从主人为了给狗带水而买的矿泉水牌子看出他们对狗的重视程度。对不养狗的人来说，用瓶装水喂狗都显得有点奢侈。然而，让狗喝池塘里的死水对它们的消化系统不利，也会让主人客厅里的绒毛毯遭殃，因为死水里滋生的"小虫子"往往在狗或狗主人意识到发生了什么之前就从消化系统另一端排出来了。让狗喝路边水沟里的水也不合适。水沟里的水常常被汽油、柴油或防冻剂污染——没有一样对狗的健康有任何

[①] 夏威夷果学名为澳洲坚果（Macadamia），果实为坚硬的木质小球，种子可供食用。

好处。

大多数自来水即使谈不上比名牌矿泉水质量更好，但起码也和它们一样好。而且，说实话，狗其实并不喜欢喝起泡的水。

要测试狗有没有脱水，你可以试着用拇指和食指扯一下狗后颈的皮肤。在你松开手时，皮肤按理应该会快速恢复到原来的松弛状态。如果恢复时间超过三秒，就说明这只狗已经脱水了。这是个很有用的小技巧，但只适用于短毛狗。要是你自己养的不是短毛狗，却又想给短毛狗的主人露一手，那他们多半不大会被你对他们没有适当给狗补水的推断有什么特别好的反应，而且狗也不太有可能会因为脖子被扯而感到高兴。可谁能把话说死呢？或许会有那么一天，你在公园里看到一位迷人的异性牵着一条喘着粗气的狗，然后你就可以向那人展示你在这方面的知识和经验，再给狗喂一些新鲜的矿泉水。（我们都是有梦想的人。）

喂养

出牙期的小狗似乎无时无刻不在吃，椅子腿、桌子腿、人的腿，它们都要吃。不过，一切只是幼犬为了缓解乳牙脱落和恒牙生长带来的不适感。幼犬需要主人经常去喂：在它们长到三个月大之前，每天要喂四次；之后到它们六个月大，每天都喂三次；六个月后，建议每天喂两次，早餐喂每日摄入量的三分之一，晚餐喂三分之二。虽然人类有个说法是早饭吃得像国王、中午吃得像贵族、晚上吃得像乞丐，但是狗却恰恰相反。它们唯一和国王、贵族相同的地方就是它们吃东西都有人来奉上。而且狗和贵族一样，很少会主动帮忙洗碗，除非是对洗碗机里的东西进行预洗程序。

进食时机是一个判定群体中"狗老大"的完美指标。一般来说，哪只狗（哪个人）在其他狗（人）之前吃东西，那只狗（那个人）就是狗老大（老大）。狗主人可能会辩白：先喂狗能让他们自己安心吃上饭，而狗也不至于趴在他们的大腿上口水直流。可那只是因为他们已经被狗训练得把狗的需求放在其他家庭成员之前了。狗心里明白得很。只要它先吃饭，就总是有机会从其他人盘子里吃剩下的东西中获得意外之喜。

肥胖

胖狗不仅体型变得越来越大，数量也越来越多。美国宠物肥胖预防协会已确认：在美国的 4 100 万只狗中，有大约 45 % 是超重或肥胖的。当主人被问及他们是否认为他们的狗是肥胖的，只有 17 % 的狗主人给出的是肯定的答复。

一些兽医将这一日益严重的问题归咎于一种被称为"自由选择"的喂养策略：狗主人在一天中的任何时段都向狗提供食物，只有当狗的本能告诉它再吃多会不健康时，它才会停止进食。自由选择，自由肥胖。这可以说是犬类行为科学史上最不靠谱的理论之一。这一观点所依据的前提是狗的狼祖先可以在全天任何时候出门去，想吃多少吃多少，而没有肥胖问题。这大概和狼群手头没有方便可用的人类随身带着罐头食物和开罐器有关，而且它们不知道下一顿饭会在何时何地送上门来。狼还必须花费大量时间和体力来寻找食物，而不像家犬那样，无论是否锻炼，都会有主人喂食。

解决肥胖的办法其实很简单：管住嘴，迈开腿。人和狗都一样。

小 狗 的 力 量

等到三岁时，你的狗就是个成熟的成年狗了。七岁时，它已步入中年；十岁时，它便走向暮年。小狗就像孩子一样：和它玩上个十分钟，你会觉得它很可爱，但接下来它们对你的时间和注意力的索取只会变本加厉、不依不饶。有时你会很想把狗还给它们的主人，直到你想起来那不就是你自己嘛。

许多狗主人都会忘记这么一个事实：所有小狗都会在某一时段变成青少年。犬类在幼年时训练得越好，它们的青少年时期就越不会那么惨不忍睹。

防幼犬准备工作

新上任的"铲屎官"把能带来欢乐与恶作剧的小狗带回家前，他们必须给家里做好防幼犬处理。这就意味着要堵住花园栅栏上的洞，要在信箱周围装上铁线栏以保护邮递员的手指，要把接长线路和松散的电线藏藏好，要清除有毒的室内植物（如非洲堇、橡胶树、一品红以及不会让人意外的虎尾兰）。对许多人来说都是件麻烦事，不过精明的主人会把它看作是一次处理无用结婚礼物的绝佳机会。有许多花瓶、灯具、雕像或者其他艺术品都只是恰好放在会被撞倒而砸得无法修复的狗摇尾巴的高度。主人可以尽情责备自己的狗，而狗依然会无条件地爱他们。高贵品种猎犬的一大优点就在于它们没有推卸责任的概念。

训练

假行家要牢记：没有行为不端的狗，只有管狗无能的主人。主人必须随时控制住他们的狗。若有狗追逐或吓唬羊群，农夫有射杀肇事狗的合法权利。然而，讽刺的是，这根本就不是狗的过错。即使是天生的牧羊犬都极少有能在缺乏适当训练的情况下控制住本能的，所以管不住自己的猎犬一定是人类主人的责任。你绝不会是第一个认为农夫或许应获得射杀肇事犬主的权利的人。

优秀的假行家会郑重其事地声明：狗主人有责任确保自己会尽最大努力训练自己的狗。那些认真对待这一责任的主人，会通过英国养犬协会所开展的"优秀狗公民计划"等形式寻求额外帮助。（美国犬业俱乐部也有类似的"犬类好公民"测试。）在这些项目中，狗主人会得到如何训练自己的狗的培训。教练员本身也接受过如何指导主人训练他们的狗的培训，但并不完全清楚是谁在训练指导狗主人训练他们家狗的训练员（大概是一群来自加拿大新斯舍省的大灰狼吧）。

户外如厕训练

户外如厕训练就是教会狗在需要"办事"的时候出门去解决。作为一位自诩懂狗的假行家，你当然也知道不需要在描述这一特定行为时犹豫不决于用哪个精确的术语。去外面"嘘嘘"或者"拉臭臭"都是完全可以接受的用词。不愿意每天一大清早跟在狗屁股后面打扫卫生的懒惰人类，可能会图方便而花钱买小狗"训厕垫"或小狗尿布。不要这样。这不是长久之计，而且可能只会拖延训练进度。

你要学着接受小狗需要排空膀胱的生理本能一般会发生在

- 刚刚睡醒的时候
- 每天至少两小时一次
- 吃过东西或喝过水后
- 做完游戏，剧烈运动后
- 睡前

换句话说，随时都尿。

只要幼犬在恰当的地方蠕动肠道或膀胱，合格的主人就应该始终对它予以表扬。你大概会觉得为此在花园里载歌载舞有点过头，可要是你花了六个星期的时间才用棉签把客厅里的海草清理干净，那么屋外哪怕一丁点的进步也是一个重大突破。

没有谁的狗是完美无缺的（当然啦，除了你的狗，哪怕它多长了些肉也是完美的）。

诱饵和奖励

让我们面对现实吧，让任何人做他们不想做的事情的最好方法就是收买他们。在"诱饵和奖励"训练体系中，如果狗完成了主人希望它做的事，它就会得到奖励。典型的奖励方式包括：言语奖励、抚摸奖励、游戏奖励和食物奖励。奖励的方式应该多种多样，但无论是驯狗员还是动物行为专家都不鼓励以追赶游戏作为奖励。虽然用食物进行奖励是完全可以接受的，但也要适度。如果你发现自己的狗粮储备经常陷于弹尽粮绝之境，而你的狗也不再在楼梯下摇头摆尾，那么几乎可以肯定的是你用这种奖励的次数过多了。当其他狗主人开始用委婉的语气说些对胖子不友好的话（比如"他这几天看上去伙食不错""她怀孕了吗？""还穿着冬衣呢？"）时，你就可以确定了。别理他们。没有谁的狗是完美无缺的（当然啦，除了你的狗，哪怕它多长了些肉也是完美的）。

训练进行得比较顺利的话，人类会引入手势作为发出指令的方式。如果你看到有人做出以下手势，那就表示这人正在和自己的（或别人家的）狗交流：

- 手心向上，向前伸出，朝向同侧肩膀抬起——**坐下**
- 伸出手臂，伸出一根指头向下移动，指向地板——**趴下**
- 伸出一只手的手掌，掌心向狗——**原地不动**
- 竖起两根手指(十有八九其实是朝某个恶意揣测你家狗狗体重的坏人[1])——**滚开**
- 竖起一根手指(针对某个以任何方式批评你家狗的坏人[2])——**绕着转圈就行了**

响片训练

严格来讲，每次有人用响片训练奖励狗的时候，都应该用上鱼。响片训练起源于海洋馆训练，是用来教海豚为观众表演杂技和后空翻的。这个会发出咔嗒声的东西就是用来告诉它们奖励给它们的鱼马上就到嘴里了。后来有人意识到响片训练对狗同样奏效。

响片的响声能立即告诉狗它们刚做的事是正确的，而奖励会随即跟上。让响片响个一下就够了。响太多声的话，会让狗觉得你是一只在尖叫的海豚。

狗在低语

狗语者往往是那种油嘴滑舌的假货推销员，能让你的狗做出

---

[1] 此处或指反 V 手势，是一个相当不雅的手势，常用以挑衅对手。英国前首相丘吉尔曾常以反 V 手势侮辱政敌。

[2] 此处或指竖中指，也是一种相当不雅、具有侮辱性的粗俗手势。

一些超出你想象的事情，又往往不费唇舌就能让它做到。这些人是犬类假行家的至臻形态，所以吾等必须尊重、敬仰甚至效仿他们。你可以对狗一无所知，但如果你能说服一只狗去做一些它不会为自己的主人做的事，那么你就会赢得来自狗与其主人双方的不朽尊重和钦佩。要如何达成此举完全是个谜，但可能与狗和狗语者之间预先谈判后达成的协议有关，使得二者创造表面上的奇迹。众所周知，人们会转手交易大量的黑市肝酱和刺鼻奶酪来增加这种假象的可信度。

狗语者信奉这样的原则：93%的交流依赖肢体语言，口头交流占其余的7%。在一小时的训练时间里，狗语者可能只会说七个字，而且通常是在训练结束时说的"今天的课三百块"。

必要配件

所有狗都会告诉你：狗最好的配件就是人类。不过，人类还是得用上很多其他配件。对这些东西稍加熟悉，就会让你的听众相信你了解养狗的基本知识。比如说，你可能需要：

围栏

楼梯围栏是用来防止大狗、小狗在卧室乃至床上探险用的，但前提是你家里有楼梯的情况下才能用得上。如果家里有什么地方应该禁止狗进入，那就是楼上睡觉的地方；不然，你的床就是它们的床。

碗

养狗至少要备两个碗：一个用来盛饮用水，一个用来盛食物。给狗用的碗可以是不锈钢的，也可以是陶瓷的或塑料的。当它们被饥饿的狗在厨房地板上推来搡去的时候，总是会发出恼人的噪声，所以要确保这些碗相当重。又或者，把碗放在塑胶垫上，也是个不错的想法。当然了，你也可以买一种叫作"两用进食套装"的东西，每个不锈钢碗的高度都可以根据狗的体型大小进行调节。这些东西会占用很多家居空间，但把它们摆在高科技厨房里也确实能抓人眼球。

笼子

要买一个结实的金属笼子，既可以用作狗窝，也能在外出旅行时用它把狗安放在车厢后部。记住：这是狗的私密空间，而不是监狱，所以不要在狗行为不端的时候把它关进去。否则，狗就会拒绝用这笼子来睡觉——也不是不能理解。

狗项圈

如果你碰巧认识一位友善的牧师，请问问他／她有没有多余的狗项圈。①说真的，还是不要这样的好。牧师听到的狗项圈"笑话"比任何人都多。关于狗项圈的问题，你只需要知道它应当套

---

① 文职领或神职人员领，或称"狗项圈"，指的是基督教教士服装的一种制式。文职领通常为白色环状，环绕脖子，非常像狗的项圈，故而得此译名。

在狗的脖子上，而且应该舒适、宽松，但不能宽松到你可以把项圈拽过狗头。

不建议狗主人使用索套项圈，因为这种项圈在狗生拉硬拽的时候会收紧，进而损伤狗的气管和脆弱的喉部肌肉；电击项圈则只能为专业训练员用作最后手段。假行家如你应该对这两种项圈保持坚决的态度。倘若有哪个非蠢即坏的家伙狡辩说电击项圈其实无痛，你不仅要骂他是骗子，还应提出让他自己先试试，看看他是怎么享受这种"严厉的爱"的。

急救箱

急救箱不总是为狗准备的，反倒常常是给狗主人用的。被狗拖着穿过扎人的荨麻丛，躲过低垂的树枝，越过灌木丛，撞上灯柱，以及被绊倒在台阶上，都会对人体造成这样那样的伤口。对狗来说，如果你打算走上很长一段路，带着消毒湿巾、纱布和止血绷带并不是什么坏主意。狗狗也会在尖锐的石头或玻璃上伤到自己的脚掌。真到它们弄伤自己的时候，你基本不用思考就知道它当时离家是远得不能再远了。记住，如果狗受伤后绷带要有一段时间才能取下，千万不要听信热心推销的兽医的话浪费钱买什么可以防风雨的专用"狗腿套"。用高尔夫球杆套就可以了，而且成本很低。要想做假行家，就要知道这些事。

梳毛／洗澡套装

不管你作为人喜不喜欢，狗的毛都是需要经常梳理的，尤其是被毛厚实的狗。因此，请准备好梳子、刷子和一些称手的狗用洗发水。虽然毛皮有天然的自我清洁功能，但这并不意味着它永远不需要清洗。要是你的狗在狐狸的粪便里打过滚，那就更应该好好洗。狗会立马让你知道它在狐狸粪便里打过滚的，方圆五百米内的所有人都会知道。狐狸粪便不仅有着可怕的刺鼻气味，而且其中含有螨虫和其他潜藏的寄生虫。当这个话题出现时，你可以顺势解释一番：为什么没有狗能抵抗在这些东西里打滚的诱惑。其实很简单：它们在狩猎时会本能地以此掩盖本身的气味。这一观点的唯一漏洞在于，它们所捕猎的东西在隔壁村都能闻到它们身上的狐狸大便味。

背带

这是一种套在胸前的器具，对于喜欢一直拉扯的狗来说比较安全。比起项圈，背带也不容易断开。背带并非狗的首选，但比起任何勒紧它们喉咙的东西，背带总是要好得多。

牵引绳

狗绳要备两种长度：短的在你遛狗时让狗紧跟着用，长的在你想在人行道上绊倒别人的时候用。可伸缩的牵引绳最好，上述两种情况都适用。

旧毛巾

养狗的你永远不会剩下太多的旧毛巾。你也很快会发现，你马上会"生产"出很多旧毛巾。毛巾一旦在狗身上用过，人就自然而然地不愿意再往自己身上用这块毛巾。

狗屎袋

假行家要声明自己永远不会买专门的狗屎袋。尿布袋只需要花三分之一的钱，香味也很好闻，而且作狗屎袋用效果一样好。

玩具

所有狗都有自己最喜欢的玩具，那就是你在任何时候碰巧拿着的那个。狗的玩具经常比家里小孩的玩具多，而且它们和小孩子一样，经常喜欢把玩具到处乱丢，丢得七零八落。假行家应当牢记：玩具有两种不同的功能，它们既是分散注意力的东西，又是奖励。你要是任由这些玩具被随意丢在各处，那你的狗就不太可能重视它们，人类幼崽差不多也是这样。

健 康 和 安 全

假如兽医不管他们的工作场所叫"诊所"的话，那么狗就会放松得多。如果兽医需要用小白鼠练手，那么狗更愿意把这份特殊工作留给小白鼠。兽医的行医实践也会对人类的健康产生影响，因为大多数兽医开出来的账单都足以引发狗主人中风或冠状动脉血栓。

药片

被兽医开方吃药的狗喜欢玩躲避游戏，人类则不然。通常人要用三个步骤才能让狗吃下药片：

步骤一

一个人用双手撑开狗的上下颌，撑得越开越好。第二个人把药片扔到狗的嘴里深处。这时狗会用舌头把药片弹到厨房地板上。在此过程中产生过量唾液的话，就意味着药片可能已经开始崩解，再要进行第二次尝试也就不太可能了。

步骤二

人可以把药片藏在狗碗里的食物中。凭借其卓越的嗅觉，狗会嗅出阴谋的味道，然后只吃掉药片周围的那部分狗粮。

步骤三

最后，经过两天的尝试，狗主人会用一块奶酪包住药片，再给狗吃，狗于是才会开心地吞下去。奇怪的是，明明直接跳到步骤三最省力，但狗主人总是会先把步骤一和步骤二试一遍。

塑料颈圈

处于术后恢复状态的狗总得戴一个锥形的保护颈圈以防止它们刺激到缝合处或伤口。戴这玩意儿对狗来说并不总是舒适的，因为这既影响了它们的听觉和嗅觉，也让它们没办法关注自己平时投入更多时间的身体其他部分。如今你还可以买到充气颈圈，一样可以达到相同的效果，只是确实会让戴它的狗看起来像伊丽莎白时期的年代剧里的临时演员。

注射、疫苗和加强针

无论多健康的狗都难免和兽医打照面。在出生后的头几周，

幼犬需要接种预防如犬瘟热[1]、肝炎、犬细小病毒[2]病、钩端螺旋体病[3]等疾病的各种疫苗，有时还要接种预防犬窝咳[4]的疫苗。这些疫苗需要定期补种，有些是每年补种一次，有些是每三年补种一次。这些额外的补种疫苗被称为"加强针"，可能是因为它们加强了兽医的经济收益。注射针剂给狗造成的痛苦只是一时的，给他们的主人带来的痛苦才是更深层次的，他们本可以拿着这笔钱来一次奢华的度假。

绝育

众所周知，dog's bollocks[5]意为"就是最好的"。这种表

---

[1] 犬瘟热（canine distemper）是一种可影响多种哺乳动物的病毒性疾病，不会传染人类。在犬类中，常见症状包括高烧、眼睛发炎和眼鼻分泌物、呼吸困难和咳嗽、呕吐和腹泻、食欲不振和嗜睡，以及鼻子和脚垫变硬。在家犬中，急性全身性犬瘟热的死亡率很高。

[2] 犬细小病毒（canine parvovirus）是一种主要影响狗的传染性病毒，具有高度传染性，通过直接或间接接触犬科动物粪便在犬类之间传播。犬类接种疫苗可以预防这种感染，但未经治疗的病例死亡率可达到91%。

[3] 钩端螺旋体病（Leptospirosis）是一种人畜共通传染病，由钩端螺旋体类细菌引起感染。患者可能无症状或表现轻度头痛、肌肉疼痛、发热到严重的肺出血或脑膜炎。如果钩端螺旋体类细菌感染造成黄疸、肾衰竭或出血，此时疾病又称为威尔氏病（Weil's disease）。

[4] 犬窝咳（kennel cough），其前身为犬传染性气管支气管炎，是一种影响狗的上呼吸道感染，具有高度的传染性。犬窝咳之所以被如此命名，是因为在犬窝或动物收容所等亲密环境中，这种感染会在狗之间迅速传播。

[5] Bollocks是非常粗俗的英语脏话，意为"胡说八道、废话"（常带轻蔑、否定或恼怒）或"睾丸"。然而，同样非常粗俗的dog's bollocks却是一个表褒义的短语。

达之所以出现，是因为人们觉得能让狗一直猛舔的东西一定是好东西。可如果有什么人或事被跪舔太多……

现实就是公狗并不会以负责任的方式当狗爸爸。

因此，阉割始终是一个应该在狗面前低声谈论的话题，或者压根就别在它面前讨论。救助中心通常会给狗做绝育手术，这也是防止其庇护下的狗意外怀孕的明智之举。虽然听起来好像有点苛刻，但事实就是公狗并不会以负责任的方式当狗爸爸，而且在支付抚养费的问题上也不情不愿。

绝育是一个情绪化的话题，尤其是对狗来说。哪怕有大量证据表明，在母狗第一次陷于发情期之前为其绝育可以延长其寿命多达十八个月（绝育的同时可以降低患上一些危及生命的疾病的可能性），但对公狗来说却没有这等好事。明着告诉你家公狗：无论是家里的大型毛绒玩具，还是乌龟，对任何东西，它以后都不会再有去蹭的欲望。这对它来说实在算不上什么安慰。

了解兽医行话

大多数兽医都会热衷于提醒你，他们接受了五到八年的训练去学习一种不同的语言，为的就是跟你收很多钱。下述是一些协助主人解码兽医行话的方法：

共济失调（Ataxia）

共济失调意味着身体摇摆不定。你的狗可能难以正常站立或行走。翻译：很费钱。

BAER

BAER 即脑干听觉诱发反应（brain auditory-evoked response）。翻译：一种听力测试。

阉割（Castration）

为你的公狗做绝育手术。翻译：授权兽医实施此手术，然后它余生都会用哀怨的眼神看你。

发育不良（Dysplasia）

细胞组织发育异常。翻译：极其费钱。

增生性骨关节病（Hypertrophic Osteodystrophy）

翻译：狗的关节和骨骼会肿胀、疼痛。

晶状体脱位（Lens Luxation）

晶状体脱位是一种可导致青光眼的视力障碍。翻译：得了这种病的狗不能给盲人做导盲犬。

二尖瓣缺陷（Mitral Valve Defect）

二尖瓣缺陷是一种心脏病。翻译：非常、非常费钱。

发情期（Oestrus）

发情期是母狗最容易接受交配的时段。翻译：掏出你的钱包就是了，会有很多狗崽需要接种疫苗。

皮脂腺炎（Sebaceous Adenitis）

皮脂腺炎，即毛囊和皮脂腺发炎。翻译：狗可能需要每周去做一次健康水疗。

宠物保险

宠物保险就像其他类型的保险一样，似乎等不到赔付的时候。大多数狗主人之所以交钱买宠物保险，只是因为踏进兽医诊所哪怕一步都能花掉给家里添一部小轿车的钱。

兽医则会辩称：医药和外科技术的进步能让他们有能力做更多努力来延长狗的寿命、提高它们的生活质量。近期有研究表明，可以从因脊柱受伤而无法行走的狗的鼻腔内壁提取细胞并注射到它受损的脊柱以修复部分损伤。瘫痪的狗都能练习如何重新行走，这进一步证明了狗鼻子是真的很了不起。

目前，还不存在什么惠及动物的国家医疗服务体系①。因此，

---

① 英国国家医疗服务体系（National Health Service，NHS）是英国医疗保健系统的总称。自 1948 年以来，其经费主要来自英国的一般税收。该体系的缺点在于病人需要等待很久，才能够获得就诊机会。

想想如果狗只需要等待三天就能做上髋关节手术，它的主人却因为恰好没买私人医疗保险而必须忍受六个月长的等待时间，那确实挺难看的。然而，当手术费用直逼一千英镑，你填赔付单的时候或许还是能感到满意的，毕竟突然间每个月五十多英镑的保费看起来惊人的划算。

和别的保险一样，宠物保险的保障范围也不尽相同。有些保单只能赔付到一定限额，达到该限额时，这份保单就会终止，保险公司不太可能会让你继续为这只狗投保。对于资金紧张的主人来说，保单的终止也意味着狗的生命的终止，尽管救援中心会在可尽力的前提下尝试提供帮助。还有一些保单的年度赔付额都是固定的，这种保险更适合那些只在十一月和十二月生病的狗，那些在头两个月生病还用完了限额的狗可能就不会那么走运了。那些会对狗持续的健康问题进行无限制赔付的高额保单，通常也伴随着昂贵的保费。

保险公司不喜欢上了年纪的狗。上了年纪的狗的保费更贵，赔付的金额也更高，因此保险公司往往会拒绝超过十岁的狗前来投保。你多半会对这种制度的讽刺意味而扬起一边眉毛：它需要赔付巨额资金以帮助小狗活到高寿，却在它们高寿之时拒绝为它们投保。

盗狗案件

要是你的狗被偷走并被绑匪扣留而向你勒索赎金时，你可能会有大量钱财损失。据说有些爱狗心切的主人甚至会再抵押自己的房产来付给绑匪高达五万英镑的赎金，只为换取爱犬的平安归来。论靠绑架小狗赚钱最多的，当属华特迪士尼公司：迪士尼旗下电影《101忠狗》(*101 Dalmatians*) 是1961年票房收入第十高的电影，外加从毛绒玩具等周边产品赚取的数百万美元。由于一些纯种狗的价格高达数千英镑，因此盗狗案件屡见不鲜，这也就引发了一个疑问：狗需要狗保镖吗？盗狗案件的数量在经济不景气的时候急剧增加。小型设计师犬之所以成为更普遍的作案目标，仅仅是因为它们比大丹犬更容易被绑架到案犯作案后用来逃跑的车里。还有一个不大的可能性：这条狗可能属于某个有钱无脑的名人，根本注意不到自己的手提包突然变轻了。

盗狗猖獗还有一部分原因 (也是它成为一个增长型行业的原因)，就是警方不把狗被偷当回事，除非丢了的狗是只警犬。倘若警犬被偷，他们会启用多达两百名警察和几架直升机展开全面的搜捕。另一症结在于，当有人带着你走丢的狗出现在你家门口，讲述自己找到它的经过，把它交还给你的时候向你索取酬金，你很难区分他到底是偷狗的人还是真正的好心人。其实也没有那么难区分，因为好心人是不太可能站在那里伸手要钱的。换个角度看，大多数狗主人其实是不在意的，他们只会感激不尽并毫不犹豫地给出寻狗启事上承诺的酬金。

微芯片跟踪

每三只狗中就有一只会在一生中的某个时刻走丢，可只有17 % 的狗能找到回家的路。要想让走丢的狗与它的合法主人团聚的最快方法之一就是确保给狗植入微芯片。这种明智的预防措施也适用于防止狗被偷。这种芯片不比一粒米大，会被嵌在狗的肩胛骨之间的皮肤下，而且还带有一个独特的编号。这个编号是狗的登记码，其主人的详细信息被记录在一个中央数据库中，可供兽医、动物救助慈善机构和警察访问。从狗的角度来看，芯片还有一个主要优势：芯片自带一体式温度计，也就是说利用手持扫描设备就可以读取狗的体温，而不必把温度计塞进它们的直肠里。

娱 乐 与 游 戏

运动

狗不应该变成"沙发土豆"，它们需要定期锻炼和精神刺激。不同品种的狗需要的运动量也各自不同。赏玩犬如京巴犬和吉娃娃，只需要很少的运动量。成天往主人的手提包跳进跳出，或许就能满足它们需要的所有运动量了。另一方面，盗猎犬 [①] 或边境牧羊犬则对早餐之前跑几场马拉松不以为意。

最好的锻炼方式是狗和主人可以一起做的运动，这就是为什么遛狗如此受欢迎。然而，在当代社会，在公园里遛狗确切来说就是在公园里散步。二十一世纪的狗需要二十一世纪的锻炼。欢迎来到狗拉人越野赛（canicross）的世界（对那些本就知道它是什么的人来说，假行家也可以管它叫 CaniX）。

[①] 盗猎犬（lurcher）是一种杂交犬，由格力犬与其他听力极好的猎犬或牧羊犬交配而得。几百年来，盗猎犬与偷猎有着密切的联系；如今，它被作为猎犬或伴侣犬饲养。

CaniX

CaniX 意味着主人要和自己的狗一起奔跑，而不是主人追着它跑遍大半个城镇，绝望地希望自己能赶上它。要想参加这项比赛，人类选手必须至少年满七岁，而狗则必须年满一岁（相当于狗的七岁）。为了适应狗的能力（还有狗主人的能力），有不同长度和坡度的路线可供选择。

尽管比赛不需要什么特殊装备，许多参赛者还是购置了跑步专用的狗背带。它会包裹住狗的胸部和肩胛骨，再通过一根弹力绳拴到狗主人的腰上。当主人觉得累了，他们就只需要让狗拖着他们跑就行。原则上是没什么问题，直到现实中狗为了追上一只狐狸，拖着和它一起跑的主人偏离了既定方向，让他们脸着地穿过好几片野地。CaniX 在很大程度上还是以狗的越野能力为考量的，它们在越过终点线时身上还相当干净，但跟它们一起跑的主人看上去就像是刚刚参加了世界沼泽冲浪锦标赛。

拉雪橇

懒得和狗一起跑的主人可能会选择狗拉雪橇。从理论上讲，只用一只狗就能拉动作为乘客的人类。可如果你在期望一只柯基犬能拉动比鞋盒大的东西，那就是自寻烦恼。你养的狗越多，你前进的速度就越快，你被拉着走过的距离也更惊人。假行家可以说：世上最伟大的狗拉雪橇路线是艾迪塔罗德狗拉雪橇比赛^①的赛道，这条横跨美国阿拉斯加州的赛道需要长途跋涉近一千英里。

扔棍子或球

除了遛狗，最常见的让狗锻炼的方式就是扔棍子或球。也没什么好奇怪的。假行家得声明，扔棍子从来都不是什么好主意。

实际上，与其他任何娱乐活动相比，狗因被棍棒刺伤或因口中有木头碎渣而造成的伤害要大得多。球相对没有那么危险，但你仍要确保球足够大，不会被狗吞下去。

了不起的野外

对狗和遛狗的人来说，在野外，到处都充满着令人兴奋的奇遇。你可能已经留意到，最常在灌木丛里发现被藏起来的尸体的，就是遛狗的人。事实上，很少是遛狗的人自己发现的，几乎都是狗先发现了尸体。不过，这是我们忠实的杂种狗所能提供的另一项重要服务的示例。要没有狗，农村可能遍地都会是没有被发现的尸体。

遛狗的障碍

在公园里遛狗并不总意味着带狗在公园里漫步，但让狗在公

① 艾迪塔罗德狗拉雪橇比赛（Iditarod Trail Sled Dog Race），每年三月初于美国阿拉斯加州举行。参赛每队有一名橇夫和12—14条狗，从安克雷奇出发经8—15天至诺姆，全程938英里（1510千米）。目前的赛事纪录为8天3小时40分13秒，由米奇·西维于2017年创造。

园里锻炼或许颇具挑战性。以围栏梯磴为例。建围栏梯磴是为了防止牛羊在田野间四处游走的同时也允许步行者能够越过树篱或石墙。这种围栏梯磴对两条腿的人来说都很难顺利通过，更不用说四条腿的东西了。最简单的解决方法就是主人把狗抱起来、跨过去。你总能在最泥泞的水坑边上发现这种梯磴。这种设计就是为了让狗在你必须把它抱起来的那个精确时刻沾上一身的泥巴和泥浆。

先进一点的围栏梯磴会自带"狗洞"，也就是几根可以抬动的木板条，能给狗创造一条可以钻过去的小缝。大多数建这些东西的人认定你的狗在过去三个星期里没有吃过任何东西，或者它只有吉娃娃那么一丁点大。这就很荒谬了，因为它要只是一只吉娃娃的话，那它就会在你的背包里，而不是在地上跑。

"旋转窄门"让狗困惑不已，也让很多人困惑不已。

有时野地里会设置很多木板路，尤其是在沼泽地区。它们就是漂浮在沼泽顶上凸起的肋状结构，和拦牛的木栅没有什么不同。这两种东西狗都不喜欢，而且你会发现你总是无一例外地需要再次把狗抱起来走。

任何时候都不要给狗穿外套。真正的狗都不穿这些衣服的。

遛狗的天气

正如俗话所说：没有恶劣的天气，只有穿错的衣裳。正是在这一点上，狗主人总是会突然对他们忠实的伙伴感到惊叹。因为无论外面的天气如何，狗总是整装待发的模样。而一个正常的人类都需要考虑考虑下述几点：

· 外面有多冷？我需要穿保暖内衣吗？

· 是不是在下雨？雨下多大？穿一件防水夹克够不够？需不需要穿防台风的夹克？

· 裤子呢？要穿深色的裤子，这样沾上狗狗的泥巴爪印也不会很明显，自然也得是防水的裤子。

· 手套、帽子、围巾哪儿去了？我上次用过之后把它们放哪里了？

· 脚上呢？我穿几双袜子才好？

· 还是脚上。穿什么鞋？防水长筒靴、运动鞋、健步鞋，还是步行靴？

狗里里外外穿的一直都没变，可比人类简单多了。假行家应该明白在任何时候都不要给狗穿外套。真正的狗都不穿这些衣服的。

狼 的 诱 惑

遛狗在一特定方面和两性关系（指人类的两性关系）有关，而许多狗主人喜欢这点。不！不是指那种在公共场所观察人与人之间交配行为的窥阴癖行为。（虽然……显然在英国农村一些地方遛狗的时候是会碰到这样的倒霉事儿的。）

狗自有其引力。这说的不是什么施加力矩产生力的技术名词，而是指狗能吸引与其主人性别相反（甚至相同）的人的能力。如果一名女性看到一名男性在遛狗，那她眼里的这名男性就会是一个准备好承担责任、会努力处理情感关系的人。如果一名男性看到一名女性在遛狗，那他眼里的这名女性就会是一个懂得理解和欣赏触觉互动乐趣的人。许多成功的两性关系都始于两双眼睛在同一只毛茸茸的杂种狗身上交汇。

羊群的不安

这不是要提醒羊群，它们的养老金将一文不值。相反，它说的是羊担心自己可能会被狗攻击。它们确实应该担心，因为警方的记录表明袭击事件在不断增加。

任何狗都会发现自己在看到羊的时候会有狼一样的自然本能在躁动。每只狗的内心都住着一只大灰狼，哪怕它是只大部分时间都待在手提包里的狗。你或许觉得你的家庭宠物连一只苍蝇都不会伤害，可只要它足够绝望，它会毫不犹豫地为了食物而大开杀戒。如果它饿到一定地步，它甚至可能会把你吃掉。

追逐会唤醒狗内心狼性的原始本能，追逐也会使羊担心自己的时日不多。狗不一定非要对羊进行肉体攻击以使其不安，它们只需要在田地之间跑一跑、叫一叫。羊可以纯粹因焦虑而死，而死掉的羊会让农夫的收入有所损失。这就是为什么法律允许他们在不发出警告的情况下就射杀狗，既不用宣读它们享有的权利，更不经过审讯。这就是所谓的即决司法[①]。狗主人也应该为羊群的不安而不安。他们不仅可能失去他们的狗，还可能发现自己会被处以巨额罚款甚至陷入被判监禁的不利处境。

其他动物粪便的诱惑

野外对狗来说是一个宝库，有无数种不同的、让它们无法抗拒的气味，尤其是其他生物的粪便散发出的气味。由于狗有三亿个嗅觉感受器在期待中抽动，它们被丰富的选择宠坏了，它们可以愉快地花上几个小时区分羊驼的粪便和松鼠的粪便。除此之外，很少有能带给它们更多乐趣的感官体验了。

狗用玩具

狗用玩具是用来逗弄狗和刺激狗的，不过也有一些是可以买来鼓励和刺激狗同狗主人玩耍的：

球

如前文所述，球应当足够大而让狗吞不下去，但也不能太坚硬，以防球意外击中狗时伤到它。对于那些不会扔球、不想去捡

---

① 即决司法（summary justice）指的是英美法系中刑法中的一种制度，它以快速、非正式的方式惩罚犯罪者，而不需要法庭听证或陪审团审判。

湿漉漉的球或两种心态兼有的狗主人来说，投球器是最理想的选择。投球器就是一根一端可以托住球的长长的塑料弯曲臂，不需要耗费多少人力就能把球抛出很远的距离。它的缺点则在于，如果狗懒得去捡球，主人就得自己走更远的路去把球捡回来。

橡胶棍

螺旋状的长条橡胶棍不会在被狗咬在嘴里的时候崩裂，也不会戳进它的肚子，还有一个好处是可以漂浮在水中（这意味着如果主人能说服狗松口的话，狗嘴脱险的橡胶棍还能用作救命工具）。假行家应该说：橡胶棍是最近引入狗用橱柜里不断充实的玩具库的明智之选。

飞盘

如果你能找到一个足够结实的飞盘，它就能用你最小的力气飞出最远的距离。然而，目标准确度并不总是有保证。

吱吱作响的玩具

正在长牙的幼犬的理想玩具，能让幼犬啃咬一些不是人类、动物或古董的东西。几秒钟之后，这种玩具的吱吱声就会变得有点烦人，会让以往冷静、没什么压迫感的主人（或者邻居）变成精神错乱的变态杀手。制造商很容易就能制造出只在狗能听到的频率内发出吱吱声的玩具，但那样就没有那么多乐趣了。

拔河绳

一些动物行为学家不喜欢那些鼓励狗狗玩拔河比赛的玩具，因为这会让狗觉得拖拽东西是一种可以被主人接受的行为。当狗嘴里拽的东西是绳索玩具时可能没关系，但要是它拖拽的是谁家的宠物兔子，那就不太妙了。甚至还有那用数以千计的细线做成的绳索玩具，为的是让狗在玩耍时用这些细线清洁它的牙齿。偶尔，这些线会松动并从玩具上脱落，通常在清洁完狗的整个内部消化系统之后，最终从另一头出来。

康牌玩具（Kongs）

康牌玩具尺寸各异，其中最大的，不出所料，就叫"金刚"（King Kong）。康牌玩具是一系列古怪的手榴弹形状的玩具，由厚重的橡胶制成，而且通常是空心的。它们不寻常的形状意味着当它们在公园里被扔出去的时候，每弹一次，方向都会改变，狗要一直用爪子抓着，玩具才不会跑。要想让狗保持安静却又能保持活跃，有一个想法就是往一个康牌玩具里装些吃的，让狗自己玩，鼓励它把里面吃的东西弄到掉出来。警告：在执行掏空玩具任务的狗是不会考虑周围的环境的。如果它滚到一个明代花瓶或是 50 英寸等离子电视的支架那儿，那么请放心：不管后果如何，狗都会撞上去的。

防狗玩具

不存在这种东西。

假期

就像人类每年都需要有几个星期时间逃避沉闷的生活一样，狗也是如此。对于那些幸运的、被宠爱到可以被带着旅游的狗来说，还是有下面这些基本的事情需要牢记：

宠物护照

显然，宠物护照只有在你要离开英国（或爱尔兰）进行境外旅行时才需要。对狗跨越国界的流动进行严格规定是有充分的理由的。有种令人讨厌的病毒感染叫"狂犬病"，攻击对象是动物或人类的大脑和神经系统。一旦有人开始出现症状，这种疾病往往就是致命的。尽管狂犬病病毒可以由各种哺乳动物携带，但人类感染的最常见原因是狗。虽然咬伤是最常见的传播方式，但是这种病毒也可以通过狗的唾液从狗身上传染给人。所以，用鼻子去蹭一只口吐白沫的狗绝对不会是一个好主意。

英国没有狂犬病，主要是因为在历史上，任何狗或者其他宠物被带入英国时，它们都会被隔离六个月之久。也就是说，它们会被关在安全的地方，行动受限。许多人会意识到，这比一些人因妨碍司法公正而被关的时间更长。2001 年 10 月，欧洲国家推出了宠物旅行计划，该计划被称为"宠物护照"，要求狗至少满足下述三点：

1. 植入微芯片。每只想要出国旅行（并打算返回英国）的狗都必须植入微芯片以便进行身份识别，因此宠物护照上未必需要照片。

2. 接种疫苗。所有疫苗加强针都应该是最新接种的，但是狗仍然需要接种狂犬病毒疫苗。犬只在第一次接种疫苗后的旅行时间不能超过二十一天，但接种完加强针之后可以立即旅行。非欧盟国家要求在接种疫苗三十天后进行一次额外的验血，以证明疫苗已经生效。

3. 宠物护照。这是识别犬只芯片上独有身份编号的证明文件，也是犬只接种过狂犬病疫苗的证明。

宠物护照自此已经推广到许多其他国家，为狗提供了与自己的人类一起环游世界的机会。出于一些原因，几乎没有狗会有去朝鲜玩的想法。

犬舍和狗狗旅馆

对于一些狗主人来说，假期既要从工作中抽身，也得离开狗休息一段时间。他们不会带上狗一起去度假，而是把它们放在寄养的犬舍里，希望自己的狗能在那里得到照顾，吃喝不愁。在大多数情况下，确实如此。不过，选择犬舍最好是经朋友推荐，而不是依靠网站上宣称的卓越服务和高标准护理。犬舍还能确保狗能经常运动，保持干净、健康的状态。把毛孩子们永远留在那里总是很诱人的想法。

虽然犬舍可能被视为提供食宿的公寓楼，但是有的狗主人在自己度假的时候，如果也希望让他们的狗过得奢侈一点，那么他们就会在一家狗狗旅馆给自己娇生惯养的小狗预定一个房间。在犬舍里，狗可能会拥有自己的窝（如果幸运的话）；在狗狗旅馆里，它会独享一间房间，甚至是套房。这些旅馆宣传称他们会提供干净的羽绒被、按摩浴缸和24小时客房服务，但假行家要对这种保证持怀疑态度。

较大的犬舍会同时照顾很多狗，而狗狗旅馆的"客人"就比较少，工作人员可以对狗进行一对一的照顾，这是犬舍所不能提供的。当然，如果一只狗得到了太过精心的娇惯，它可能就不愿意回家了。就算它能屈尊跟你回家，要是它摆出各种盛气凌人的姿态，想让你听它差遣，你也不必感到惊讶。(有些狗主人或许会疲倦地说："也没变多少啊。")

克服险阻
海滩禁狗

大多数狗都喜欢海滩，但它们并不总是被允许在海滩上玩耍；大多数地方当局也会严格执行规章，禁止狗在一年中的特定时间段内进入某些海滩。这是为了保持海滩——特别是沙地海滩的清洁、无狗粪。

作为一个假行家，你会知道如何解决这个问题：

· 虽然狗被禁止上海滩，但是并没有法规禁止狗在公共道路上走。主人可以寻找有公共道路从中穿过的海滩。狗是人的合理附属物，法律也允许人们在自己的合理附属物陪伴下沿着公共通道漫步。(合理附属物也可以是婴儿车、童车或电动滑板车。)

· 海滩禁令只适用于海滩。狗主人可以避开海滩，直接把狗抱到海里去游泳。如果狗的爪子没有碰到海滩，那么严格来说，它就不在海滩上。

· 只在 10 月 1 日至次年 4 月 30 日之间带狗去海滩，因为这段时间大多数海滩不施行海滩禁令。

· 定个闹钟。有些海滩禁令只在早上七点到晚上十点之间施行，这意味着你可以在其他任何时间合法地把你的狗带到有禁令的海滩。

烟花

当 1605 年盖伊·福克斯企图炸毁国会大厦时，他完全不知道自己会成为全世界的狗都讨厌的人。

由于狗眼里看到的大多数东西都是蓝色、绿色或灰色的，只要它们看到一场烟花秀，就能看到所有的颜色。对于我们的犬类朋友来说，对它们造成伤害的是放烟花的噪声。据估计，有 40 % 的狗会被燃放烟花发出的噪声给吓到。虽然最新的烟花燃放条例已经强制限定人耳可承受的最大噪声，但并没有采取任何措施保护狗的耳朵。凭借超群的听力，即使是最小声的转轮烟火也会无情地攻击它们的耳朵。最响的烟花爆炸时音量可达 120 分贝，相当于喷气式飞机低空飞行的噪声水平，或者"大屠杀"乐队演唱会的噪声水平。人类的听力在 85 分贝时就会遭到损害，这也许能解释为什么许多摇滚明星老了之后仿佛完全失聪。人耳不仅可以听到120分贝的噪声，还可以感受到，因为声波会穿过我们的身体。每年的烟花秀高峰期都可能让狗相当苦恼：篝火之夜[①]、圣诞节、新年、排灯节[②]、春节以及在遥远的未来当英格兰队终于赢得点球大战的那一刻。

让狗能更轻松地度过这些倍感焦虑的时刻的技巧包括：

· 为你的狗找一个安全的藏身处，比如床下面、桌子下面或者沙发后面。

· 白天一般不会放烟花，所以可以在白天的时候带着狗出门活动。

· 到了晚上就把所有门窗都关上，拉上窗帘，隔绝噪声。放一些温柔舒缓的音乐，或者以低于120分贝的音量播放你最喜欢的重金属音乐，只要能盖过烟花的噪声就行。

帮狗脱敏

通过降低狗对噪声以及烟花突如其来的爆裂声的敏感度，也

---

① 篝火之夜(Bonfire Night)，在英国又称盖伊·福克斯之夜(Guy Fawkes Night)，是每年11月5日在英国举行的庆祝活动。按照传统习俗，当天人们会点起篝火、燃放烟花、焚烧被做成盖伊·福克斯模样的假人。节庆渊源可追溯至1605年11月5日，天主教极端分子盖伊·福克斯与同伙企图炸死正在参加国会开幕典礼的新教徒英王詹姆士一世和其他议员未遂。

② 排灯节起源于《罗摩衍那》，于每年印度历八月里或八月前一周的第一个新月日(公历十月下旬或十一月上旬)庆祝。排灯节是耆那教、印度教与锡克教庆祝"以光明驱走黑暗，以善良战胜邪恶"的节日。

可以减轻它此时的压力水平。这可能需要到兽医那里去一趟，随之而来的则是你资产的锐减。

药物可以帮助你的狗平静下来，只要你始终遵循推荐的剂量。如果你的狗开始抽外国香烟、在游泳池旁发呆、写点什么糟糕的打油诗，它很可能是服药过量了。

那些希望避免走医疗路线的主人可以买一张CD——具有讽刺意味的是CD里录的是烟花燃放的原声。《诡音！》(*Sounds Scary!*)是一系列可以从iTunes中下载的烟花噪声、爆炸声、呼啸声的合辑。脱敏治疗开始时，在日常生活的背景中低声播放这些音频，然后在几周的时间里逐渐调高音量。如果你的狗不知道如何使用iTunes，那你可以把这些音频刻录到CD上，让它用你的高保真音响播放。

信息素扩散器

要是脱敏疗法对你的狗不起作用，那么另一个可以尝试的方法就是DAP——狗用安抚信息素(dog appeasing pheromones)。这是狗妈妈在分娩后不久产生的天然化学物质的一种人工化合品。这种狗信息素有助于让新生幼犬保持平静和安心，也可以帮助让大一些的狗平静下来。这些信息素可以在像卖空气清新剂的自动售货机上买到，然后你把插头插到墙上的插座里就行。谁知道呢，它或许对你有用。

许多雇主觉得狗是比人类更好的雇员。它们没有加入工会，所以它们会愉快地加班，而且也不太会要求额外的报酬或福利。

狗 在 忙

有些狗必须自行谋生。许多雇主觉得狗是比人类更好的雇员。它们没有加入工会，所以它们会愉快地加班，而且也不太可能要求额外的报酬或福利。

狗在数千年前就已经发现，如果它们能让自己变得有用，它们就更有可能被视为人类家庭的宝贵成员。因此，在早期，狗总是有活要干。传统上，狗要干的活仅限于围捕牲畜、协助人类狩猎和警告主人有入侵者；如今，狗要干的活已经拓展到协助执法、充当盲人的向导、检测特定疾病以及参与救援任务。然而，在大多数情况下，狗仍被证明在提供陪伴方面最有帮助。作为回报，它们可以避免挨冻、获得庇护、不愁吃喝，以及相当多的疼爱。

嗅探犬

好吧，你不能责怪人类利用了狗最擅长的技能，还能让他们继续惊讶于嗅探犬到底能单以嗅觉辨别出多少东西。有时它们也被称为"探测犬"，它们经过训练就可以探测出特定的物品或者物质。虽然它们通常是会被用来探测违禁药物、血液、爆炸物和枪支，但也会被用来寻找蜂巢、（监狱里的）手机、上了软木塞的葡萄酒，甚至是臭虫。在美国，嗅探犬会被用来探测斑驴贻贝。斑驴贻贝属入侵物种，有时在干船坞中容易在船底发现。

在机场，身穿漂亮的荧光无袖衫的嗅探犬为了闻出非法物质会在行李箱间飞速穿行，它们的精力之旺盛简直只有嗑了药才能保持。你觉得它们为什么总是想发现更多东西呢？

然而，澳大利亚最近的一项研究表明：一些嗅探犬需要重新接受基础训练。该国新南威尔士州的警犬一度尽职尽责地发现超过 14 000 人都携带有非法物品，但在警方拦下他们进行进一步搜查后，发现其中只有 3 000 人确实持有可疑物品。其余 11 000人大概只是闻起来有攻击性。平心而论，有一点应当牢记：嗅探犬只有在人类训练员的帮助下才能发挥其作用。

反之，在 2005 年，据说有一只英国嗅探犬在工作中表现得十分优秀，它的收入比警察局长的收入还要高。它的嗅觉非常敏锐，可以察觉到被擦洗干净和消过毒的凶器上的血迹残留。这只狗的非凡技能意味着它的东家可以以每天约五百英镑的价格把它租借到其他警察局。

牧羊犬

假行家和任何牧羊犬训练师探讨时，他们都会告诉你：在牧羊犬 - 养羊农夫的关系中，需要接受训练的是农夫，而不是牧羊犬（当然可以说任何狗－人的关系都是如此）。边境牧羊犬是最受欢迎的牧羊犬品种，因为它们天生就具备放牧的本领。虽然一些当代农夫声称四轮摩托车可以做到牧羊犬能做的所有工作，但有一点还是应该强调：四轮摩托车没有自行放牧的本事，还是需要有人去操作它。

研究表明，边境牧羊犬能够凭名称识别超过 250 种不同的物体，考虑到它们成天都在照看那些看上去完全长得一样的动物，这一点实在叫人印象深刻。2004 年 9 月，一只名叫"前锋"的边境牧羊犬创造了最快打开车窗的吉尼斯世界纪录，由此证实了它们的智商之高。它只花了 11.34 秒，就靠爪子和鼻子把车窗完全降了下来，比开白色面包车的人[1] 还要快。

也许令人惊讶的是，英国古代牧羊犬如今不见得可以用来牧羊。它们长长的被毛每周至少需要梳理三次，这使得让它们在丘陵地带和山区干牧羊的行当相当不切实际。人们曾经试图把古代牧羊犬身上的毛梳成一束一束的辫子来保护它们，但羊群只看了一眼，就拒绝自己被扎着小辫子的东西赶着走。传统上，古代牧羊犬过去用来帮赶牛人把牛赶到集市上的狗，此类大狗是沿着乡间小道放牧大型动物的理想选择；如今，大多数牛羊都是用拖车运到集市上的。这就是为什么英国古代牧羊犬会开始从事其他工作，比如为某个油漆品牌拍广告。

---

[1] 指面包车白男，是英国对小型商用面包车司机的刻板印象，通常是一个自私、不体贴、不大聪明的司机形象，他们大多是小资产阶级，而且经常具有攻击性。

导盲犬

有证据表明，自古罗马以来，盲人就在用狗帮他们引路。

导盲犬与人之间联系的最早记录来自古罗马城市赫库兰尼姆（今意大利那不勒斯附近），于公元 79 年维苏威火山爆发时与庞贝古城一起被埋葬。赫库兰尼姆的遗迹中有一幅壁画，上面画着的盲人明显是有一只狗在引导。

在十八世纪晚期，巴黎人曾多次尝试训练狗以帮助盲人，但是发展导盲犬的真正转折点还要数第一次世界大战。由于大量士兵因毒气致盲，德国医生格哈德·施塔林想出了训练大量的狗以帮助这些士兵的主意。1916 年，施塔林为盲人创办了世界上第一所导盲犬学校。1927 年，美国妇女多萝西·哈里森·尤斯蒂斯看到他这么做，于是在美国也复刻了这项工作。1930 年，缪丽尔·克鲁克和罗莎蒙德·邦德在英国成立了她们的导盲犬学校。1934 年，导盲犬协会（Guide Dogs for the Blind Association）成立，现已成为世界上最大的工作犬繁殖和培训基地。

假行家最好记住，这些神奇的小动物并没有像它们应得的那样受到优待。有多少人知道，在 2001 年世界贸易中心大厦倒塌前不久，有两只分别叫"沙蒂"和"罗塞尔"的导盲犬各自引导着它们的视障主人奥马尔·里韦拉和迈克尔·欣森分别从 70 层和 78 层楼跑下来呢？

助听犬

慈善机构"聋人的助听犬"（Hearing Dogs for Deaf People）

成立于 1982 年，旨在训练狗以帮助听障儿童或成年人应对日常生活。助听犬被训练成能对闹钟、电话铃、门铃或烟雾警报器等重要的声音作出反应，然后通过用鼻子轻推或用爪子触摸主人来吸引他们的注意力。狗继而能把主人领至声音的源头，或一个安全的地方。

搜救犬

每当有紧急情况发生，比如有"驴友"在山上失联、有老弱群体在本地社区走失或是毁灭性地震发生，新闻机构总是会提到被招来协助搜寻这些人员的搜救犬。假行家要指出这个术语实际上是不正确的。要冒着听起来像是卖弄（但愿不会）的风险，告诉你的听众，对搜救犬的正确的描述实际上是"气味搜索犬"。

依靠强大的嗅觉，气味搜索犬能够在五百米外探测到失踪人员。它们可以和自己的主人一起乘坐四驱越野车，有时甚至会坐直升机从天而降，被派遣到最崎岖的地区。搜救犬的感觉技能和敏捷性意味着一只狗能够胜任多达二十名搜救人员的工作。

所有搜救犬中最著名的代表就是脖子上挂着威士忌小酒桶的圣伯纳犬。说来遗憾，威士忌酒桶的故事只是搜救犬界的一个神话传说①。这些狗一般以两只为一组被派遣出去，当发现幸存者

---

① 圣伯纳犬携带威士忌酒桶的固定印象或出自爱德温·亨利·兰西尔（Edwin Henry Landseer）1820 年的画作。该作品中，两只圣伯纳犬在雪地里救一个人，其中一只狗的脖子上挂着一个桶，被认为是为了给被困雪中的人取暖、帮助他们抵御严寒而携带的威士忌酒桶。然而，没有任何书面证据表明圣伯纳犬被派出执行救援任务时会携带威士忌。

时，它们并不会给他们喝一小口威士忌暖暖身子，而是其中一只趴在遇难者身上，另一只返回阿尔卑斯山在瑞士境内的圣伯纳大山口的山顶附近，寻求那里修道院僧侣的帮助。圣伯纳犬的体重从40千克到100多千克不等，你在雪中的存活概率是大是小显然取决于趴在你身上的是不是更轻的那只圣伯纳。

护卫犬

自从狗和人类建立了独特的亲密关系以来，狗就一直守护着人类。虽然安保公司更喜欢用罗威纳犬、杜宾犬和德国牧羊犬等品种的狗，但任何品种都可以成为护卫犬。然而，安保人员需要树立一个保护者的形象。显然，要是他们在面对嫌疑人时牵着的狗绳另一端拴的是一只哇哇乱叫的赏玩犬，那就不大能给对方留下正确的印象。

护卫犬的作用主要是发出噪声以吸引人类的注意。如果入侵者没有被过度的噪声震慑到，那么可能需要采取进一步的行动。在这种情况下，狗的品种才会发挥作用。虽然所有护卫犬都应该为这项工作接受专门的训练，但它们天生的气质会影响它们对入侵者的应对方式：

巴吉度犬

巴吉度犬性格平和，感情丰富。它们不喜欢长时间独处，因此只要它们碰上入侵者，就总会兴奋地狂吠，还会希望能和这人一起玩游戏。

边境牧羊犬

一旦边境牧羊犬得到指令下达，这种高智商的狗狗多半能够将整个犯罪团伙赶进牢房里去。

斗牛犬

斗牛犬感情丰富且忠诚，但可能会很笨拙。它们会攻击入侵者，但也能顺便把人类保安一起给打倒。

吉娃娃

吉娃娃机敏而无畏，它们才不会让自己微不足道的6—8英寸（15.24—20.32厘米）的身高妨碍到一场精彩的"摩擦"。可惜的是，它们无法"摩擦"到对手脚踝以上的部分。

大麦町犬

大麦町犬外向、友好，但这种狗很容易感到无聊。盗窃案发生的时候，估计它们已经睡着了。

杜宾犬

杜宾犬胆大、聪慧，它们喜欢精神刺激，但也是很好的护卫犬。不用巡逻的时候，玩填字游戏同样能让它们很快活。

德国牧羊犬

勇敢的"德牧"热爱体育锻炼，不过它们更喜欢驻守在可以翻越高大围墙、人行走道和平顶建筑以追赶入侵者的地方。

大丹犬

大丹犬是一种体型巨大的聪明狗狗，重可达 55 千克。它们只需要把入侵者扑倒，然后用一只爪子压在他们胸部，限制其活动，等救援到来即可。

拉布拉多猎犬

拉布拉多的脾气很好，渴望取悦于人，但它舔死入侵者的风险很高。

纽芬兰犬

纽芬兰犬（重可达 68 千克）比大丹犬还要大，是一个对水比其他任何事物都更感兴趣的可爱捣蛋鬼。纽芬兰犬更乐意去游泳而不是追着人跑。

罗威纳犬

与其形象极不相符，罗威纳犬热爱拥抱，即使是跟一个罪犯拥抱。

西施犬

西施犬感情丰富，活泼好动，它们可以像其他小型犬一样汪汪乱叫，但是它们的被毛需要定期梳理。如果它们看起来不够完美，它们就不会去当站岗的护卫犬。

西高地白梗

坚韧、好奇心强的西高地白梗喜欢参与一切。不过，它们也有顽固的性格，只要它们不想去站岗，那就没有站岗这一说，也没有人能够说服它们去。

治疗犬

研究表明，有宠物（比如狗）的人血压比较低。但狗也会为主人外的人付出爱意，安慰他们，尤其是对老年人和体弱者。治疗犬会进入医院、济贫院、养老院和疗养院，为那里的人提供安慰和情感援助。

狗对人的治疗作用在第二次世界大战期间首次显现，当时一名士兵名叫"冒烟"的狗被送去医院探望自己的主人。医生注意到，只要探视时间临近，他的精神状态就有所振奋。随着时间的推移，病房里的其他病人也开始期待探视时间的到来。二十世纪七十年代，一名美国护士注意到，当医院牧师带着自己的狗来探访时，病人的病情就会有所改善。现在，许多国家都有宠物治疗计划（Pets as Therapy，PAT）的项目或慈善机构。假行家倘若声称自己了解狗，那就可以肯定地说：两个物种之间的羁绊，在人类明显受益于狗的陪伴的情况下，是最显而易见的。

育犬协会

　　育犬协会是世界各地为了保障狗的福祉而设立的组织的通称。在维多利亚时期，由于富裕的社会名流想要炫耀他们的纯种狗，犬展就此流行起来。然而，随着这些活动变得越来越流行，人们意识到需要一个官方机构或组织来规范犬展、狗的选美和狗的竞赛。记录种狗的名称，记录谁在何时何地开始了什么项目的需求也越来越大。不然，任何一只老年杂种狗都可以像假行家一样蒙混过关，进入纯种的世界。可不能让这种情况发生。

　　英国养犬协会成立于 1873 年，是英国最大的致力于保障犬类福利的组织。法国也不甘示弱，于 1882 年成立了中央育犬协会（Société Centrale Canine），而意大利则于同年成立了意大利国家犬类爱好者协会（Ente Nazionale della Cinofilia Italiana）。美国犬业俱乐部（American Kennel Club，AKC）成立于 1884 年。在世界其他国家，如澳大利亚、印度、加拿大和南非，也形成了各自的育犬协会。

　　虽说这些俱乐部的建立是为了规范犬展的章程、给纯种犬登记造册，但同时它们也促进了狗和狗的所有权、积极游说而促使政府健全涉及狗的相关法规、为有意养狗的人提供建议、维护注册配种犬的名录并开展犬类培训计划。上述一切的核心基于人与狗之间简单不复杂的关系，以及一次愉快的散步。

犬展

　　英格兰的第一场犬展举办于 1859 年，旨在为慈善事业筹集资金。从那时起，人们就开始一小笔一小笔地花钱给他们的狗梳毛、吹毛、抛光。作为回报的诱人前景就是通过纯种狗配种费而获得大量酬金。

假行家对于犬展的看法应该是矛盾的。对假行家而言，最好的做法可能就是说：任何旨在为狗的世界庆祝的活动都是好事，只要它们的福利在其中至高无上，它们的自然尊严不受损害。其他爱狗人士也会会意地点点头，看向你的目光又多了几分敬意。

克鲁夫茨犬展

克鲁夫茨犬展每年在英国举办，是世界上最大型的犬展之一。第一场克鲁夫茨犬展举办于 1891 年，从那时起，该犬展的办展所需空间一直在以指数级增长。如今，克鲁夫茨犬展已经占据了伯明翰国际展览中心超过 25 英亩（约 10 公顷）的展览空间。那真的是很大一块地。那里真的有很多很多狗。那里也会有很多尿布袋（你应该记得为什么假行家会觉得尿布袋比某些品牌专门的狗屎袋要好）。

克鲁夫茨犬展的亮点在于对每个品种进行评判之后，多名优胜者可以进入"最佳犬种"之列，评委再将从中挑选出——毫不夸张地说，最优秀的狗。这就要仔细检查狗的每一方面，包括它的被毛、身体、总体健康状况、在地板上的活动，甚至是下体。一只格力犬赢下了第一届"最佳犬种"的评比，但是赢得这一奖项最多次的品种是获胜七次的英国可卡犬。迄今为止，杂交品种从未获胜过，可能是因为它们并不被允许参赛。这也许可以解释为什么一个叫"斯克鲁夫茨犬展"的同类比赛（允许任何血统的杂交品种参赛）越来越受欢迎。

地方犬展

　　尽管克鲁夫茨犬展或许是最著名的犬展，世界各地仍有许多规模较小的地方犬展，为所有杂种狗提供了获得胜利花环的机会。地方犬展虽不能颁发"最佳犬种"这样的奖项，但是它们可以办出更加务实有趣的比赛，比如评比"最会摇尾巴的狗""笑得最开心得狗""最像名人的狗"和"最像主人的狗"……甚至还有一个叫"从未获奖的狗"的奖项。

如果没有莱西，有多少人仍会在矿井底下苦苦挣扎？

值 得 纪 念 的 狗

狗不仅闯到我们的家庭之中，也成功地用爪子刨进了我们的日常娱乐生活。你不得不佩服狗的狡猾，它们能说服人类把一个流行了三十年、里面出现的羊比新西兰人口还多的英国电视节目叫作《人与其狗》[①]。而且，就像在现实世界里一样，虚构的角色身边也需要一位忠实的伴侣。如果没有 K-9[②]，《神秘博士》[③] 的历史地位又当如何？如果没有格洛米，华莱士还能出现在我

---

① 《人与其狗》(*One Man and His Dog*) 是英国广播公司的一档电视系列节目，主要介绍牧羊犬的选拔。该节目于 1976 年 2 月 17 日首次播出，(自 2013 年起) 作为《乡村生活》(*Countryfile*) 的年度特别节目延续至今。

② K-9 是英国科幻电视连续剧《神秘博士》中几只虚构的机器狗的名字，K-9 首次登场于 1977 年。

③ 《神秘博士》(*Doctor Who*) 是英国广播公司自 1963 年以来播出的英国科幻电视剧，讲述了一个名叫博士 (Doctor) 的外星人搭乘一艘名为"塔迪斯" (TARDIS) 的时间旅行太空飞船在宇宙间的跨时空冒险故事。《神秘博士》为英国流行文化的重要组成部分，被吉尼斯世界纪录大全评为全球播放时间最长的科幻电视节目以及有史以来"最成功"的科幻系列节目。

们银幕上吗？① 如果没有莱西，有多少人仍会在矿井底下苦苦挣扎？世界上难道还有小学生是在不知道"每个沙吉都需要一只史酷比"②的情况下长大的吗？

忠犬波比

见多识广的假行家一定记得约翰·格雷。约翰·格雷在十九世纪来到爱丁堡时本是一名园丁，但是他发现在冬季的爱丁堡很难找到园艺活，于是不得不寻找其他活路。因此，"老乔克"（Auld Jock）——正如他如今为人熟知的那样——转而在当地警察局找了份工作。

老乔克每周能赚 13 先令③，他的巡逻区域包括爱丁堡的干草市场和灰衣修士教堂区——在当时是臭名昭著的罪犯聚集地。警察必须要有一只巡逻犬，所以老乔克选了一只六个月大的斯凯梗犬。之后就该给它取个名字了。因为它是一只警犬，所以老乔克选择了"波比"④一名。可能"波比"在当时不是什么很有创意的名

---

① 格洛米和华莱士即英国定格动画《超级无敌掌门狗》（Wallace and Gromit）中的猎犬角色及其主人。《超级无敌掌门狗》同样被认为是当代英国在国际上的文化符号。

②《史酷比》（Scooby-Doo）是一系列从 1969 年至今制作的动画电视连续剧。这档周六早晨卡通节目的主角是青少年弗雷德·琼斯、达芙妮·布莱克、维尔玛·丁克利和沙吉·罗杰斯以及他们会说话的大丹犬史酷比，他们通过一系列滑稽行为和失误来解决涉及所谓超自然生物的各类谜团。

③ 英国旧辅币单位，1 英镑合 20 先令。先令已于 1971 年英国货币改革后废除。

④ 波比，原文为 Bobby，在英国亦有"警察"之意。

字，但后来却成了历史上最著名的狗之一。

老乔克和波比组成了一对最佳搭档，在爱丁堡地区维护了五年多的治安。然而，乔克在1857年10月得了肺结核。随着冬季的到来，这个老男孩的病情恶化了。1858年2月8日，他于家中去世，波比就在他脚边。老乔克下葬于灰衣修士教堂，尽管通常不允许狗进入墓地，但波比还是出席了葬礼。

第二天，墓地看守詹姆斯·布朗发现波比还趴在老乔克的坟墓上。他把狗赶走了，但隔天早上又发现狗趴在了坟上。布朗再一次赶走了它，可这只忠诚而坚定的小梗犬在二十四小时后又回到了主人的墓前。最终，布朗不禁同情波比，允许它留下来，还不时地给它喂食。墓地成了波比的新家，无论天气如何，它都会趴在老乔克的坟墓上。日复一日，直到十四年后的1872年1月14日，波比也去世了。这一忠诚爱主的行为被载入了史册。为了纪念波比，如今爱丁堡的灰衣修士区还为它打造了一块纪念牌和一座（带喷泉的）雕像，烛匠街甚至还有一家"忠犬波比餐吧"。

任何有志于在狗和犬类行为问题上吹嘘的人都会从这段老掉牙的胡话中嗅出一丝矛盾的气味。正如它们被人理解的那样，"墓地犬"在十九世纪末很受欢迎，特别是在法国。人们长途跋涉地去喂这些狗，认为它们是忠于自己去世的主人。墓地的看守有时会带些狗进墓园，为的就是吸引这些游客。如果有狗死了，他们很快就能找来另一只代替。这大概能解释得通为什么当代传说中忠犬波比的形象存在差异。

如果你到了爱丁堡灰衣修士教堂的门口，记得要轻轻地拍一拍波比的雕像，夸奖它做得很好，因为从很多方面来说，它确实是一只了不起的狗。毕竟，当你了解到斯凯梗的平均寿命是十二岁的时候，你只要简单一想就能算出来。如果波比六个月大的时候就跟着老乔克，然后当了五年的巡逻犬，之后又在老乔克的坟墓上趴了十四年，那可以说它打破了自己这个品种寿命相关的大部分原则。你考虑过"长毛狗的故事"① 是怎么来的吗？

盖勒特

当威尔士的卢埃林大帝② 与英格兰约翰王的女儿琼结婚时，约翰王送给这对幸福夫妻的礼物之一是一只名叫"盖勒特"的狗。根据记载描述，盖勒特或许是一只爱尔兰猎狼犬。这种说法当然是有其道理的，因为这个品种的狗对小孩子的温柔是出了名的。不过，它们在公平的战斗中也有能力击退狼，而在那些日子里，人类周围有相当多的狼。

有一天，当卢埃林狩猎回来时，盖勒特兴冲冲地跑到他身边，摇晃着尾巴，但它的口鼻周围都是鲜血。卢埃林急忙冲进居所，发现他儿子的婴儿床翻倒了，婴儿不知所踪。卢埃林坚

---

① 长毛狗的故事（Shaggy Dog Story）是一类英语反笑话，其特点是对无聊情节的冗长叙述，而以并不好笑的转折结局。其幽默之处在于，听者对于情节发展的预估被放大，而他们期待的结局却要么并未发生，要么以完全低于预期的形式发生。

② 卢埃林大帝（Llywelyn the Great，约 1173—1240）是威尔士北部格温内思的领主，本名为约沃思之子卢埃林（Llywelyn mab lorwerth）。通过战争和外交，他统治威尔士达四十五年之久。

信是盖勒特咬死了他的儿子，于是他拔剑刺入盖勒特的身体。
与此同时，卢埃林听到了婴儿的啼哭。他在自己的居所四处找
寻，发现他的儿子安然无恙，而旁边就躺着一头狼的尸体。卢
埃林这才意识到是盖勒特杀死了威胁他儿子生命的狼。他内心
充满悔意，为盖勒特举行了盛大的葬礼。现在，人们仍然蜂
拥而至威尔士一个名为贝德盖勒特的小村庄，去参观盖勒特的
坟墓。

持怀疑态度的假行家可能又要嗅到另一种老套路的蛛丝马迹，
尤其是在他们得知盖勒特的纪念碑是由附近贝德盖勒特酒店的老
板大卫·普里查德于1802年左右建起的。普里查德发现了这个
营销机会便立即将其付诸实施。他重提并二次创造了盖勒特的部
分故事，还为盖勒特新造了坟墓，以此刺激旅游业的发展。普里
查德的企业家精神显然延续到了他自己的坟墓之外。据说，他的
灵魂至今还会在这家酒店（现在它叫皇家山羊酒店）出没。

莱卡要是没有在二十世纪五十年代的莫斯科街头流
浪，她就不会成为第一个绕地球飞行的生物。

莱卡

莱卡或许是世界上最著名的流浪狗之一。如果她没有在二十
世纪五十年代的莫斯科街头流浪，她就不会被捡到并被训练成第

一个环绕地球飞行的生物。这条不幸的猎犬随着一个容纳她的圆锥形飞船被弹射到离地球表面约 1 000 英里（约 1 600 公里）的平流层中，每 1 小时 42 分钟绕地球一周，使得莱卡的平均飞行速度达到了每小时 18 000 英里（约每小时 29 000 公里）。她于 1957 年 11 月 3 日进入轨道，当公众发现并没有计划让她再次返回地球时还引发了轩然大波。显然，苏联人没有衡量过舆论的力量。大多数人对自己的人类同胞死在太空中并不会太上心，但伤害有苦说不出的动物那可真是太过分了。

"斯普特尼克 2 号"绕地球运转 2 570 圈后于 1958 年 4 月 14 日返回地球，在进入大气层时燃烧殆尽，此时莱卡已经彻底死掉了。莱卡虽然是第一只进入太空的狗，但她并不是唯一一只。

1957—1966 年间，苏联先后将十三条狗送入轨道。1960 年 8 月，一只名为斯特列尔卡的狗绕地球飞行 18 圈（与她同行的还有数只小白鼠、两三只大鼠和一些植物），她成为第一只从太空安全返回地球的生物。后来，斯特列尔卡又生下了一窝健康的小狗，其中一只被称为"绒绒"[①]，被时任苏联总统尼基塔·赫鲁晓夫作为礼物送给了时任美国总统约翰·F. 肯尼迪的女儿卡罗琳。绒绒后来与肯尼迪家的另一只狗交配，生了一窝四只的健康小狗，肯尼迪开玩笑地管它们叫"尼基崽"。犬类假行家一定要知道这件趣事。

[①] 此处原文为 Fluffy，英语意译自小狗原名 Пушинка（音译为"普欣卡"，意为"毛茸茸的、蓬松的"），文中取意译。

帕尔

前文提到过的帕尔（详见"给狗起个坏名字"），当他赢得了使别狗艳羡的"灵犬"角色莱西后，便成为历史上最著名的大银幕"狗星"。他早先曾试镜过这个角色，但后来这个角色给了一只获过奖的雌性柯利牧羊犬，而帕尔则被用作特技替身犬。在一次特别困难的特技表演中，帕尔表现得非常出色，电影公司一口气就拍完了所有镜头，最后便决定让帕尔担任电影的主要角色。这部电影后来取得了巨大的成功，还催生出了更多的电影和电视衍生剧集。

帕尔退休后，灵犬莱西的角色都是由他的直系后代（有很多）接任的。人类电影明星都没有几个能保证自家未来十代人工作的。（假行家可以吹嘘的点：虽然莱西的设定是一只母狗，但帕尔和扮演她的帕尔后代却都是公狗）。

谢普顿·达什

尽管古代牧羊犬是英国的，油漆品牌多乐士还是在二十世纪六十年代的澳大利亚黑白电视广告中首次使用了这一具有英国特色的符号。第一只"多乐士犬"名叫谢普顿·达什，当了八年广告主角之后，他把接力棒交给了费恩维尔·罗德·迪格比。迪格比后来成为一只需要由专职司机接送至摄影棚的明星狗。

迪格比曾由粗俗的电视名人芭芭拉·伍德豪斯训练，他甚至在 1973 年与吉姆·戴尔、斯派克·米利甘一起出演了自己的电影《乌龙博士大笨狗》(*Digby, the Biggest Dog in the World*)。除了谢普顿·达什，所有的多乐士犬都曾获得过犬种冠军。二十世纪九十年代，当第一只雌性"多乐士犬"出现在荧屏上，性别平等就此实现。在拍摄现场，人们用狗主人对这些狗的爱称叫它们，而不是用它们的育犬协会登记名。按照出现在广告里的时间顺序排次，这些狗分别是达什、迪格比、杜克、塔尼娅、泡菜和薯仔——你永远都料不到这种信息什么时候会突然派上用处。

英雄猎犬

下述有关狗的英勇事迹足以让你为之哭泣。然而，假行家才不会随便掉眼泪，除非这样做明显有利于他们，否则（一般来说）不建议这样做。说到狗的英雄主义，假行家就可以破次例。听听这些故事：进入快倒塌的危险建筑物内，只为寻找幸存者；尽管被流弹或弹片重伤，仍然一瘸一拐地着力于解除坏人的武装，拒绝将伤员留在战场上；在世界贸易中心大楼燃于熊熊烈火之时，小心翼翼地引导视障主人走下七十多层楼梯（沙蒂和罗塞尔为此获得了世界上奖励动物英勇行为的最高荣誉——迪金勋章）……你得多铁石心肠才会不为之动容？英国慈善机构"人民病宠诊所"(People's Dispensary for Sick Animals, PDSA)成立于1917年，旨在为穷人生病或受伤的动物提供护理。它是英国领先的兽医慈善机构，每年提供超过一百万次免费兽医咨询，并于1943年设立了一系列奖项，以表彰动物的英勇行为和奉献精神。

迪金勋章以该慈善机构创始人玛丽·迪金的名字命名，相当于动物界的维多利亚十字勋章[1]。迪金勋章共颁发七十次，其中获得迪金勋章最多的是狗（最新[2]的统计是三十三枚勋章颁给了狗）。迪金百年纪念勋章（之所以这么叫是因为 2017 年是该慈善机构创立的一百周年）的获得者是马里，一只作为英国军犬在阿富汗前线工作的比利时牧羊犬。在马里的最后一次任务中，他被两次派出，穿越枪林弹雨去寻找爆炸物。他还准确找到了当地反抗分子的位置，使得突击部队在进行近距离战斗之前获得了至关重要的优势。在执行任务的过程中，三枚投向马里的手榴弹严重炸伤了他的胸部、腿部和头部，但令人惊讶的是，他活了下来。并非所有迪金勋章获得者都如此幸运。

2015 年，在巴黎恐怖袭击事件[3]造成 130 人遇难的五天后，警犬迪塞尔在突击一个疑似恐怖分子窝点时中枪，最终死于多发枪伤，举国上下都为之悲痛。

马里和迪塞尔的奉献和牺牲换来的勋章都是过去七十五年来世界范围内颁发的典型奖项，其中许多都是死后追认的。

假行家不需要拥有什么犬科心理学方面的学位就能提出以下

---

[1] 维多利亚十字勋章（Victoria Cross）是英联邦国家的最高级军事勋章，奖励给对敌作战中最英勇的人。最初在 1856 年由维多利亚女王提出。

[2] 原书首印于 2018 年。

[3] 巴黎恐怖袭击事件是 2015 年 11 月 13 日与 14 日凌晨发生于法国巴黎及其北郊圣但尼的连续恐怖袭击事件。袭击事件共造成来自 26 个国家的 127 人当场遇难，3 人到院后不治身亡，80—99 人重伤，368 人受伤。

观点：和人类一样，狗也会感到疼痛和恐惧，但是如果它们被要求捍卫和保护自己的人类同伴，它们很少会停下来考虑后果。并非所有的英雄都是人类。

有些时候，比起那些在平庸边缘徘徊的一句话名言，诗歌更为发人深省。（总之先确保它不是打油诗。）

犬 之 诗

除了马，没有任何一种家养动物能像人类的挚友那样激发出如此多的诗歌。在那个时代，一些最伟大的诗人向他们的犬类同伴倾诉爱和赞美的赞歌，虚心地答谢他们无私的四条腿朋友在他们的生命旅程中做出的贡献。

当人与狗之间的独特联系迸发出恰到好处的感动瞬间时，一两行诗总能在这时锦上添花。假行家最好要熟记后文的一些选段。有些时候，比起那些在平庸边缘徘徊的一句话名言，诗歌更为发人深省。（总之先确保它不是打油诗。）

犬之力（节选）

[英]鲁德亚德·吉卜林

这世上本就有足够多的悲伤，

充满男人们和女人们的生活；

当我们早已预感到必将到来的悲伤，
为什么我们仍让更多的悲伤到来？
兄弟姐妹们，我恳请你们当心，
别让狗伤透你的心。

买一只小狗，你的钱就会买来
绝不撒谎的坚定的爱，
激情十足，满是崇拜，
以轻踢肚皮或轻拍脑袋喂养。
然而，这实在不公平，
因为你冒着被狗伤透心的风险。

当大自然准许的十四岁
伴着哮喘、肿瘤、痉挛逼近，
而兽医诊断后的沉默
指向等死的房间和上了膛的枪，
然后你会发现——这是你的问题——
但是，你已经把心给狗让它伤透。

当那个呜咽着欢迎你，
以你的唯一意志而活着的身体沉寂下来（如此沉寂！）
当那个总会回应你所有情绪的灵魂
消失了——不论去到哪里——永远地离去，

你会发现你有多在乎，
甚至愿意让狗伤透你的心！

　　鲁德亚德·吉卜林（Rudyard Kipling，1865—1936），英国记者、小说家和诗人。狗是他生活中的一个永恒主题。他最著名的小说作品可以说是《丛林故事》，而《如果》可以说是他最有名的诗歌作品（常常被英国人选为最受欢迎的诗）。不过，《犬之力》可能是他所有狗相关的诗歌作品中最著名的。《犬之力》是一部强有力的文学作品，它展示了狗可以对其人类家庭施加的情感影响，提出了关于狗死亡时无可避免的伤痛问题。然而，我们却继续心甘情愿地签订这份痛苦的契约。大多数博学的爱狗人士都知道这首诗。当你读起这首诗时，他们会既悲伤又赞赏地不住点头，假行家从而也就表明了自己对狗最著名的美德——毋庸置疑的忠诚和奉献有多么深刻的理解。

致阿弗，我的爱犬（节选）

[英]伊丽莎白·巴雷特·勃朗宁

　　我可爱好动的挚友，
　　我赞美你的稀少，
　　并不是为了这样的目的！
　　其他或许与你同大的狗
　　亦偶有同样垂下的双耳，

和光泽的浅色毛发。

但是关于你，必须要说：
这只狗总在床边守候，
日日夜夜，不知疲倦——
守在挂着窗帘的房间里，没有阳光驱散
萦绕以病态和沉闷的阴霾。

集于花瓶的玫瑰，
迅速在那房间死去，
阳光和微风都屈从了——
只有这狗，守在原地，
它知道，当光消失了，
爱依然闪耀。

伊丽莎白·巴雷特·勃朗宁（Elizabeth Barrett Browning，1806—1861）为她的可卡犬阿弗写下的这篇感人至深的颂词《致阿弗，我的爱犬》或许是英国文学中献给狗的悼词中最著名的一篇。伊丽莎白长期卧病在床。在她生病期间，阿弗一直是她密不可分的伙伴，以至于诗人相信这只狗具有人类一般的智慧，而且能够理解文字。

当伊丽莎白还是作家罗伯特·勃朗宁的情人时，阿弗就在她写给她未来丈夫的情书里占据着重要地位。一个世纪后，小说家弗吉尼亚·伍尔夫创作了畅销的《阿弗小传》，她以富有娱乐性和洞察力的方式记录了勃朗宁夫妇这段著名的恋情。

老狗是最好的狗

[英]费利克斯·丹尼斯

老狗是最好的狗，

是只双眼浑浊的狗；

老狗是最好的狗，

是只悲伤睿智的狗，

它不会猛咬肥皂泡，

也不会对着谁都叫，

是只知你烦恼的狗，

是只送你出门的狗。

老母狗是最好的母狗，

不是会衔回你木棍的小狗；

老母狗是最好的母狗，

不必总教它新把戏，

不会总想着要跳起，

而是一只被毛泛白的狗，

梦回昨日时，

腿一蹬一蹬。

费利克斯·丹尼斯(Felix Dennis，1947—2014)，英国出版商、诗人、演员、慈善家和著名的爱狗人士。假行家当然要知道的是，他在二十三岁时作为《奥兹》杂志的编辑之一臭名昭著，后来他被指控涉嫌"腐蚀和败坏国内年轻人的道德"而被判入狱。他随后被判处监禁，直到他的罪名在上诉后被撤销。(他在去世时是丹尼斯出版社的唯一所有者，留下了价值超过7.5亿英镑的遗产。)

狗死了(节选)

[智利]巴勃罗·聂鲁达

……我的狗常常注视着我，

给予我所需要的关注，

这些必需的关注

让我这样虚荣的人明白

作为一只狗，他在浪费时间，

但是，那双眼睛如此纯粹，远甚于我，

他始终如一地注视着我，

带着他独留给我的眼神，

他可爱又乱蓬蓬的一生中，

总是陪伴着我，从不打扰我，

也从不索取。

巴勃罗·聂鲁达（Pablo Neruda，1904—1973），智利诗人、外交官和政治家，曾于1971年获得诺贝尔文学奖。聂鲁达曾被与他同时期而知名度更高的另一位南美洲作家加布里埃尔·加西亚·马尔克斯形容为"二十世纪无论何种语言最伟大的诗人"。《狗死了》是他最著名的诗歌之一。对假行家来说，任何有关文学作品中的狗的文学讨论，聂鲁达都是一个可以随意举出的极好的、不容置疑的名字。

盖斯特之墓（节选）

[英]马修·阿诺德

但是你，当你要离去的时钟被敲响，
我们沮丧地站在一旁，
温柔地向你投以充满爱意的最后一瞥，
随即谦卑地放下你，静候死亡。
我们仍然会把你牢记于心——
对你的爱永驻于此，
也不会让你彻底离去
就像你从未离开过一样。

于是就有了这些诗句
如今那双唇再造不出它们；
我们互相默诵：

曾经你的那些习惯、那些技艺、那些表情！

再一次，我们轻抚你棕色的宽大脚爪，

我们招呼你到你的空椅子上，

我们透过窗玻璃和你打招呼，

我们听到你在楼梯上的动静……

马修·阿诺德（Matthew Arnold，1822—1888），诗人和评论家。顺带一提，他还是著名的拉格比公学校长托马斯·阿诺德的儿子。《盖斯特之墓》是诗人为他四岁的腊肠犬写的，具有一定挽歌色彩。如果你有特别想要抒情的欲望，你可以这样说："《盖斯特的坟墓》是阿诺德最迷人且最让人感触深刻的挽歌之一，它充满了悲怆、诙谐的深情，并融合高度严肃和幽默于一体。"保险起见，你可以加上一句："这不是我说的，是加拿大学者 W. 大卫·肖说的。"

当然，如果不提一句猫王埃尔维斯·普雷斯利那首唱老谢普的痛苦歌曲，那假行家对写狗诗篇的回顾必然不会是完整的。老谢普是陪着普雷斯利长大的狗，曾经还救了溺水的他，但老谢普的眼神"逐渐暗淡"，它已时日无多。当埃尔维斯带着老谢普走向田野，眼泪模糊了他的双眼，他颤抖着举起枪，朝天空怒斥："我希望子弹要打的是我！"而谢普抬头看着他，把它那衰老的脑袋枕在他的膝盖上。

然后……当然没有"然后"了，埃尔维斯可从没有开枪打爆自己的膝盖。(如果知道普雷斯利其实从未养过叫谢普的狗[①]，假行家会安慰许多。)

①《老谢普》(*Old Shep*)并非埃尔维斯·普雷斯利(Elvis Presley)所创，而是由"雷德"·弗利("Red"Foley)创作的歌曲，创作灵感是弗利小时候养的一条狗。普雷斯利与《老谢普》的联系在于，1945年10月3日，十岁的普雷斯利在展览会上的首次公开表演中唱的就是《老谢普》。

男 男 女 女 的 好 朋 友

以下种种说法虽实无新意，但仍然值得为假行家反复说道说道。

狗比男人好，因为：

· 它们不介意在公开场合向你表达爱意。

· 你不在的时候，它们总是很想你。

· 你对着它们说话时，它们会看着你。

· 它们不会因为你更聪明而感到威胁。

· 它们懂得"不"就是"不"。

· 它们从不会嘲笑你向它们投球的方式。

· 它们不会在你放屁时捧腹大笑。

· 它们迫不及待地想和你一起散步。

· 如果它们有些朋友不适合进到你们家，它们也能理解。

· 它们会觉得你是烹饪天才。

· 它们对你的亲戚都很友好。

· 它们不会要求你穿渔网袜和高跟鞋。

· 它们不在乎你长什么样或者你胖了多少。

· 它们不会对你的朋友指指点点。

· 如果你开车走错了路，它们也不会大声喊叫。

· 它们并不关心你是不是刮了腿毛。

· 如果你的收入比它们高，它们也不会觉得受到了威胁。

· 它们亲吻你的时候是真心的。

· 它们不会出现中年危机，更不会抛弃你去找个更年轻的主人。

· 它们可以被合法绝育。

狗比女人好，因为：

· 它们不会无缘无故地哭。

· 它们喜欢你的朋友到家里来。

· 你迟到的时候，它们才不会指望你先打个电话（实际上，你到得越晚，它们见到你时就越兴奋）。

· 它们会原谅你和其他狗玩耍。

· 如果你叫另一只狗的名字，它们也不会留意到。

· 它们并不介意你把它们的后代送给别人养。

· 它们不喜欢购物。

· 它们喜欢你把内裤乱丢在地上。

· 它们从不会想着和你谈论你们之间的关系。

·它们喜欢啤酒和酒吧。

·它们的父母从不会在周末留下过夜。

·当你拒绝问路时，它们不会发脾气。

·它们不会问你有没有觉得自己的屁股太大。

·它们从不期待收到鲜花，当你忘记它们生日的时候也不会抱怨。

·它们不想知道你之前养过的狗是什么情况。

·它们不会尽信自己在杂志文章中读到的东西。

·它们不需要花几个小时才可以出门。

·它们觉得你喝醉的样子很迷人。

·它们不会说话。

假装你对狗无所不知是没有意义的——没人能做到。可如果你已经把书看到了这里，并且至少吸收了这本书中包含的少许信息和建议，那么你已经比99％的人类都更了解什么会让狗狗兴奋，它们如何对我们有所裨益，它们如何对我们偶有危害，为什么我们与它们之间的关系是建立在几千年前的理解之上的，以及为什么世界若没有了它们会变得截然不同。

现在，你要如何利用这些知识完全取决于你自己，但这里还是有一点建议：对你新学到的知识充满信心，看看它能带你侃多深，可最重要的还是享受运用这些知识的乐趣。好了，你已经是一位善于对人类最长久的朋友夸夸其谈的真正专家了。只是千万不要忘记：这只躺在壁炉前的可爱小狗的DNA和狼有超过98％的相似度。

名词解释

厌恶法（Aversive）

一种利用狗不喜欢的东西来驯狗的方法，例如大音量的噪声和电击项圈（后者往往被相信疼痛能驯服狗的蠢货滥用）。

洗澡（Bath）

如果狗正盘算着到狐狸的粪便里打滚儿，用这个词来警告它是有用的。

床（Bed）

举例说明：上"你的"床就好比是所有狗要赢得的圣杯。

Cynophilist

爱狗人士的正式英文名称。不存在 canophile 这样的词！[①]

[①] 此条或为作者个人喜好。由拉丁语词源或希腊语词源构成的"爱狗人士"词汇有如 Cynophile、canophilist、canophile，均互为近义词。

残留趾（Dewclaw）

狗前腿内侧脚掌肉垫上方的退化足趾，很容易被撕扯到。它也被叫作"狗的拇指"。如果狗一瘸一拐的，假行家应该先检查一下它的残留趾有没有受伤。

断尾（Docking）

一种切除狗尾巴的整形手术。相当于对狗的残害行为，在欧洲大部分地区都是违法的。假行家不需要听取任何辩解，不存在任何给狗断尾的理由。

执着的奉献（Dogged Devotion）

如果你只爱用名词，那前面的形容词就是多余的。

走（Down）

"走！"是狗主人的常用指令，多用于招呼狗放过邮递员。

做梦（Dreams）

当狗在睡眠中突然开始抽搐、尖叫、流口水或者嗥叫时，无须惊慌，它们和人类一样会做梦。

交出来（Give）

"交出来！"是让狗交出它以双颌紧锁住的不寻常异物的指令——好像它真的会乖乖听话一样。

紧跟（Heel）

让狗紧跟在你身侧的指令和姿态——狗会一律无视。

颗粒压制粮（Kibble）

加入干狗粮的不明化合物，并没有特别美味。

朝鲜（Korea）

如果你的狗拒绝改正它的坏习惯，这是个派得上用处的实用词汇。

别碰（Leave It）

"别碰！"是一条让狗无视任何引起它兴趣的东西的指令。引起它兴趣的常常是另一只狗的粪便，其显著效果就是使你的狗暂时性失聪。

绝育（Neutering）

一种预防不想要的幼崽诞生的手段。不论哪个性别的狗，都不太可能会感谢你切除了它们的相关器官。

下来（Off）

"下来！"是让狗腾出你最喜欢的椅子的指令，又或许是当一只公狗骑上另一只狗、一块坐垫、一个大型毛绒玩具、一只乌龟或任何其他它不应该骑的东西——也就是不管有无生命的大部分

东西时发出的指令。

兽群（Pack）

一只狗想象中由自己管理的一群人类，通常也确实在它管控之下。

奖励（Reward）

当狗对指令作出正确回应时给予狗的奖励性食物，或是仅仅因为狗很可爱所以无论如何都要给到它嘴里的食物。

Ruff

Ruff 可以是狗胸前、肩部和脖子周围的厚毛，也可以是当狗开心时它发出的欢喜叫声。

分离焦虑（Separation Anxiety）

当你离开时，或者当狗的共同主人彼此分离时，狗会变得焦虑和紧张。

坐（Sit）

同狗打交道时常用的一个词。如果人拿着让它们感兴趣的东西，它们一般会服从指令。那些关于狗听错了这条指令而做出奇奇怪怪举动的蹩脚笑话也常来源于此。

白狗粪（White Dog Stools）

代表了所有犬类排泄物颜色特征的神秘现象，直到二十世纪八十年代中期，这种说法才神秘地消失了。假行家会说：这大概和狗饮食中的钙质减少有关。

译 名 对 照 表

狗的品种

阿富汗猎犬（Afghan Hound）

爱尔兰梗（Irish Terrier）

爱尔兰猎狼犬（Irish Wolfhound）

爱尔兰雪达犬（Irish Setter）

澳大利亚梗（Australian Terrier）

澳大利亚卡尔比犬（Kelpie）

巴吉度犬（Basset）

比利时牧羊犬（Belgian Malinois）

比熊犬（Bichon Frisé）

边境牧羊犬（Border Collies）

博美犬（Pomeranian）

大丹犬（Great Dane）

大麦町犬（Dalmatian）

德国牧羊犬（German Shepherd）

斗牛犬（Bulldog）

杜宾犬（Doberman）

格力犬 、灵缇（Greyhound）

贵宾犬（Poodle）

惠比特犬（Whippet）

吉娃娃（Chihuahua）

杰克罗素梗（Jack Russell Terrier）

金毛寻回犬（Golden Retriever）

京巴犬（Pekingese）

可卡颇犬（Cockapoo）

拉布拉多德利犬（Labradoodle）

拉布拉多猎犬（Labrador Retriever）

腊肠犬（Dachshund）

罗威纳犬（Rottweiler）

米格鲁猎兔犬、比格犬（Beagle）

纽芬兰犬（Newfoundland）

诺福克梗（Norfolk Terrier）

皮卡普（Pekapoo）

切尔西柯利牧羊犬（Chelsea Collie）

圣伯纳犬（Saint Bernard）

斯凯梗（Skye Terrier）

斯塔福德牛头梗（Staffordshire Bull Terrier）

万能梗（Airedale Terrier）

西高地白梗（West Highland Terrier）

西施犬（Shih-tzu）

英国古代牧羊犬（Old English Sheepdog）

英国可卡犬（English Cocker Spaniel）

英国史宾格犬（English Springer Spaniel）

英国雪达犬（English Setter）

约克夏梗（Yorkshire Terrier）

犬科动物

澳洲野犬（dingo）

豺（jackal）

灰狼（grey wolf, *Canis lupus*）

郊狼（coyote）